[英]保罗·多兰（Paul Dolan）

著

何文忠 周星辰 赵晨曦

译

叙事改变人生

HAPPY EVER AFTER

ESCAPING THE MYTH OF THE PERFECT LIFE

中信出版集团 | 北京

图书在版编目（CIP）数据

叙事改变人生 /（英）保罗·多兰著；何文忠，周
星辰，赵晨曦译 . -- 北京：中信出版社，2020.3

书名原文：Happy Ever After：Escaping the Myth
of the Perfect Life

ISBN 978-7-5217-1378-7

Ⅰ . ①叙… Ⅱ . ①保… ②何… ③周… ④赵… Ⅲ .
①人生哲学—通俗读物 Ⅳ . ① B821-49

中国版本图书馆 CIP 数据核字（2020）第 021563 号

叙事改变人生

著　者：[英]保罗·多兰
译　者：何文忠　周星辰　赵晨曦
出版发行：中信出版集团股份有限公司
　　　　　（北京市朝阳区惠新东街甲 4 号富盛大厦 2 座　邮编　100029）
承 印 者：北京楠萍印刷有限公司

开　本：880mm×1230mm　1/32　　印　张：8.25　　字　数：170 千字
版　次：2020 年 3 月第 1 版　　　　印　次：2020 年 3 月第 1 次印刷
京权图字：01-2019-5371　　　　　　广告经营许可证：京朝工商广字第 8087 号
书　号：ISBN 978-7-5217-1378-7
定　价：59.00 元

谨以此书献给逃离"叙事陷阱"的人，
希望本书尽绵薄之力助你过好生活——
多一些自己选择，少一些他人评判。
为我们得到永远的幸福，
干杯!

目 录

第一篇

追求

目　录

关系

第三篇

负责

目　录

前　言

关于如何过好生活，我们听到过各种各样的故事。这些主流的社会故事告诉我们要事业有成、要追寻真爱，还要保持健康。这些故事有时确实能给生活提供指导，让我们活得更轻松，甚至更幸福，但是它们本质上毕竟是故事，并非源于现实生活中的真人真事。因此，它们最终可能会造成社会的某些不和谐因素，反而弊大于利。我称之为"叙事陷阱"，它们构成了美好生活的神话。

工人阶级英雄

既然这是一本关于叙事的书，那就从我的一个故事开始说起。这是一个成长于工人阶级家庭的大学教授同有害的社会叙事抗争的故事。在去年的"灵感之光"节，我参加了一个关于"感性与理性"的很有意思的专题研讨会。在就餐途中，有个 50 多岁的男人过来跟我搭讪。刚开始我们聊得很好，他说很喜欢我写的《设计幸福》一书[1]。可是聊了一会儿，他突然问道："身为中产阶级的你为什么要扮演工人阶级的英雄呢？”我说我不明白他的意思，他又说："你在书中就是啊，即使现在也是如此。"虽然我正唱着《烟囱之歌》，还打扮成了烟囱扫把的样子，但我不知道他这句话是什么意思。

一般情况下，不管别人夸我是什么英雄，我都会欣然接受，但他说的这个英雄却让我浑身不自在。他还说："当达到一定层次后，你就必须注意你的言行举止了。"他觉得我不应该说脏话，而我在一小时的小组讨论里说了两次脏话。小组里还有两名"中年"女性，所以我的"罪行"更加令人发指。你知道吗，女性比较脆弱，在讨论中听到骂人的词就会崩溃，哪怕这个词只是用于强调。

但我凭什么不能说脏话？有人可能觉得说脏话是词汇匮乏、智力低下的表现，可是目前并没有任何研究能证明这一说法。[2] 相反，却有研究证明学生对在课堂上说脏话的老师更为关注，而且会更勇于表达自我。[3] 脏话用来挑衅或辱骂确实很有害，但用来表达兴奋和强调也无可厚非，我说脏话就属于后者，而且只会在工作场合说。在利大于弊的情况下，还固执地认为不能说脏话真的很愚蠢。[4]

他还觉得，我作为伦敦政治经济学院受人敬仰的教授，应该树立一个更好的榜样。他说的"更好"就是要与大众印象里的"大学教授"一样（去伦敦政治经济学院或其他权威学府任意部门的网站上看一看教职员工的照片你就知道了），他想通过社会叙事给我施压，促使我按照中产阶级特有的方式来"规范"自己的行为。伦敦政治经济学院待我不薄，我十分感激，但被人们期望像刻板印象里的学者一样因循守旧，这时常令我很苦恼。我迫切希望学者们能把自己看得重一些，争取自己的话语权。

这些刻板印象还有更严重的危害——打消工人阶级孩子上大学的念头，让他们觉得必须要压抑真实的自己才能融入其中。不过英国和美国已经取得了很大的进步，在录取出身于工人阶级的学生时，努力减少了偏见。伦敦政治经济学院增加了出身于工人阶级的学生比例，该比例超过了英国其他精英大学，这确实值得称道。但这些孩子中的许多人其实根本不想去精英大学，也不想在其中被当成异类，那些总是劝勉他们进入高等学府的人应该意识到这一点。许多出身于工人阶级的孩子都不愿意上大学，尤其是男孩。因为他们一旦去了，就不可避免地要与出身于中产阶级的学生接触。但二者的思维和行为模式都不一样，而且他们的中产阶级老师也无法体会工人阶级"另类"的世界和想法。就算在这个不同的世界里熬了过来，他们也会感到被工人阶级疏远——这可是曾让他们感到安心的地方。

中产阶级想让工人阶级的孩子接受高等教育的本意是好的，因为他们以为这些孩子怀揣着成为中产阶级的梦想。但事实并非如此，比如我。即便我从事典型的中产阶级职业，我无疑也属于中产阶级，但是我的很多朋友连大学都没进过，而且我保留着一些工人阶级的价值观和行为习惯。比如，在跟健身爱好者们一起锻炼时，他们看到我在健美比赛中穿运动夹克或乐福鞋就像看到母猪上树一样。我为我的这些不同感到自豪，但我也很清楚，如果我成为社会期待的学者（或者健身爱好者）模样，我会生活得更轻松。

社会叙事对人们的所思所想、所作所为都做出了规范，无论我们是否喜欢，它们都会影响我们。当我们被社会叙事迷惑了双眼，希望周围的人都符合规范时，我们就掉进了叙事陷阱。如果一定说我是工人阶级的英雄，那么我希望这个英雄能让工人阶级的孩子们知道，他们可以异想天开，也可以继续做自己，而不是违心地压抑真实的自己。如果我们能察觉到阻碍幸福的叙事陷阱，就更有可能掌控那些曾经一直掌控我们的叙事。[5]一旦承认了陷阱的存在后，我们就可以开始考虑是否要做出改变以及如何改变，说不定未来会因此有越来越多爱健身的教授。

什么是叙事陷阱

我对教导人们应该如何生活的叙事最感兴趣。我对"叙事"的定义与目前大多数定义不同，其他定义的重点是关于人的故事，帮助人们理解人生的变化无常并形成对自己的身份认同。而我关心的"叙事"是那些来源于他人、由他人规定并被自己采用，并且不一定直接来自个人经验或正面反馈的社会叙事。

从心理学家的角度来看，社会叙事类似于既定的"社会规范"。社会规范没有标准的定义，但它通常包含三个要素——行为规律、心理认同和偏离规范后的制裁的排列组合。[6]因此，社会规范成了人们应该遵守且极具约束力的行为准则，比如，"你是伦敦政治经济学院的教授，那么你就不能说脏话"，等等。如果我们的行为不符合社会规范，那么某种"社会惩罚"就会随之而来，也许是很小的惩罚，比如无端的争执。

经济学家在理解任何行为时，都会先从"偏好"开始研究，比如对某些特定商品、服务、经历和世界发展状况的明确偏好。有时显示性偏好（人们在做的）和元偏好（人们想做的）之间存在差异：你可能永远不会去读小说，但又想成为小说迷。个体和群体两者之间的偏好也存在差异：自私的人与正直的人存在不同的偏好。因此，我把"社会叙事"定义为"元社会偏好"，这反映了社会期望对我们所有人的要求。

我定义了三大类"社会叙事"，称其为"元叙事"，分别是"追求""关系""负责"，而所有"子叙事"都是"元叙事"的一部分。本书的第一部分关于"追求"，讨论了我们不懈追求的目标——富有、成功和受教育，这三者被认为是每个人都应该追求的东西。本书的第二部分关于"关系"，讨论了围绕我们最亲密关系的社会叙事：婚姻、一夫一妻和孩子。本书的第三部分关于"负责"，提到了三个对我们寄予特殊期待的叙事：利他、健康和自由意志。

这些叙事都经受了时间的考验，在不同程度上受到权力结构、文化、法律、家庭、媒体、历史实践甚至进化优势的影响。在很大程度上，这些叙事还影响了最近社会心理学里关于人类先天动机的分类，几乎所有的分类都假设我们受到"初级"（即先天）奖励的驱动。[7]核心动机包括：囤积——积累资源（富有）；自我提升——重视个人价值（成功）；理解——共识与远见（受教育）；归属和爱——与他人紧密联系（结婚并忠于彼此）；培育——照顾后代（孩子）；信任——认为人性本善（利他）；安慰——使身体处于最佳状态（健康）；控制——了解行为和结果之间的偶然性（负责）。这使叙事具有普遍性，适用于不同的文化。

除了满足我们的一些先天欲望之外，社会叙事还对思想和行为做出了规范，使我们更容易适应和理解复杂的世界。在按照社会叙事探索如何生活时，我们有了一条清晰的路径：我们不仅想融入叙事，还对那些不融入的人表示不满。[8]事实上，现有的一些脑成像研究表明，人们在"惩罚"那些不符合我们期望的人时会感到很高兴，甚至愿意自掏腰包来"惩罚"这些人。

权力与叙事

我在"灵感之光"节上遇见的那位朋友，可能支持现有的社会等级制度："社会支配倾向"特质得分高的人很讨厌他人不遵守特定规范。[9]"社会支配倾向"是社会心理学家提出的一种衡量标准，用于判断人们对社会等级的支持程度。例如，"社会支配倾向"特质得分高的人可能更认同"有些群体就是不如其他群体"，也可能更讨厌弱势群体，而且他们更可能从事能将歧视和偏见付诸实践的职业，比如警察。有的叙事有助于强化社会等级，比如，教授必须按照社会对其职业的刻板印象行事。

社会阶级通常用来定义人们在社会等级中的位置，根据经济和社会地位划分。它常与职业联系起来，有时也与收入和教育背景相关，这些因素都与社会阶级高度相关（并且都构成了叙事的元素）。在英国，工人阶级的工作技能和社会地位都较低，工资也比中产阶级低。在美国，"蓝领"和"白领"分别象征着体力劳动和脑力劳动。大致来说，工作"越好"，阶级越高。

我知道，这样定义阶级过于简单，况且不同国家定义阶级的方式也不一样。[10] 对阶级的划分迫使我们思考谁更有权力。社会叙事巩固了现有的社会等级制度，因此在这本关于社会叙事的书中，不能不考虑社会等级最强有力的表现——按社会阶级对人进行分类。有些叙事来自有权力的人，不断被他们强化，而且使当权者大量受益，因此更有可能成为主导。

人们对权力的认知也很重要。[11] 在英国，有 60% 的人认为自己是工人阶级，尽管从事常规体力工作的人只有其中的一半左右。20世纪 80 年代以来，被大致定义为工人阶级的家庭数量逐步下降，但认为自己是工人阶级的人数一直保持相对稳定。在美国，认为自己是工人阶级的人数有所增加。2015 年进行的一项盖洛普民意调查显示，近一半的美国人认为自己是工人阶级，而 2003 年该比例仅为 1/3。英国和美国的数据说明，社会底层的生活条件和环境看起来似乎变好了，但实际上似乎并非如此。

因此，我将用"工人阶级"和"中产阶级"分别来指代（被认为）权力相对较小和权力相对较大的人。在不同权力群体之间存在价值观差异的情况下，社会叙事将更加向有权力的群体靠拢。除此之外，任何想在社会阶级中往上爬的人都必须向掌权者的价值观靠拢，不然就会被否定。值得注意的是，在关于社会平等和歧视的讨论中，与性别、种族、残疾和性取向相比，阶级被大大忽视了。2010年，在英国，除了阶级之外的其他方面都被写进了《保护法》，除阶级歧视外，歧视他人都被视为违法。社会阶级却没有得到同等保护，所以公司完全可以因为候选人的"阶级不正确"而将其拒于门外，哪怕对方完全符合岗位要求。美国也存在对性别、种族的类似保护，但同样缺乏对社会阶级的保护。

与其他受歧视的群体不同，工人阶级中很少有人站出来维护自身的利益。想要靠工人阶级中的成功人士来发声根本行不通，因为他们必须伪装成中产阶级才能生存。这样一来，许多行业里根本就没有能够起到激励作用的工人阶级榜样。而且许多工人阶级在取得一定的成功后，就会在身体和心理上与他们周围一起长大的人保持距离。另外，成功的女性和黑人不一定时刻都在积极促进性别和种族平等，但他们肯定不会与周围的女性和黑人疏远，因为他们的身份太容易被识别。

作为一个不符合社会期望并且不爱说教的人，我知道反抗社会期望会带来什么样的困难和招致什么样的严厉批判。即便从长远来看，这些反抗会减少个人和社会的苦难，在开始时也总是充满痛苦和怀疑。然而，理解这些叙事并且了解它们是如何帮助或者伤害我们的，是做出更适合自己的选择的第一步。就算这无法带来什么改变，至少也能让我们更容忍那些不符合社会期望的人，这对社会无疑是长期有利的。

虽然大家都关注叙事是如何影响个人幸福的，但我也会引导你去思考叙事如何影响他人的生活。我们都扮演着不同的决策者，在爱人、朋友、父母、老板或规则制定者的角色中，我们很少做出只会影响我们自身幸福的决定。无论权力地位和社会阶级如何，你都应该多帮助他人，不对别人的选择评头论足。这样，你也许就会不那么在意别人对你的评价，甚至会减少别人对你的评价。

叙事有什么危害

我认为，任何社会叙事的影响都应该根据人的感受来评估。成功人士看起来很风光，但他们自己可能并不这么觉得。如果自己不觉得成功，那就谈不上风光。我们都应该关注自身的真实感受，因为他人眼中的成功并不能减轻自己在实际工作中的苦。为了在不伤害他人的前提下尽可能过得快乐，我们需要重塑身份来贴近更加真实的自我，这种自我是不断流动变化的，因此也不要给自己贴标签（比如父亲、教授、健身爱好者），这会让自我变得僵化。

许多决策环境需要有一个判断行为、环境和生活好坏的标准，比如分配稀缺的公共资源时。所以我建议用一个总体的社会叙事来代替本书中方方面面的叙事，这个总体叙事基于人们在现实生活中的真实经历，要优先于那些跟人们幸福关联甚少的叙事。这样一来，不愿意或无法生活在"千篇一律"的特定叙事中的人就会少一些耻辱感。

如果没有规则的约束，你和伴侣可能共同选择一段开放性关系，说不定会更幸福，或者你也可以选择单身或禁欲。当然，你也可以选择结婚生子、忠于彼此，只要你快乐且不伤害他人就好。关注经验而非叙事能够促进各类生活方式共存，包括但不限于符合普遍社会叙事的生活方式。虽然我提出的许多论点都是普遍适用的，但我主要关注的是生活在英国和美国的人的经历。

我将重点关注人们如何感受这些叙事，但这方面的数据很少，因此我需要参考大量的生活满意度报告。我对这些报告持负面态度，因为我的生活满意度会被社会对我的期望影响，比如，我有没有工作，工作好不好，等等。[12] 这意味着如果生活满意度调查结果支持社会叙事，我们就很难确定它是如何影响人们对幸福的感受的。但是，如果生活满意度调查结果不支持社会叙事（比如已婚女性对生活的满意度没有单身女性高），那么我们对叙事与幸福感之间的冲突就更加肯定。因为尽管社会叙事已经存在，但人们的生活满意度并不高。

大多数时候，我无法通过分析这些数据来确定如果世界没有这些叙事会是什么样子。即便我们发现幸福和婚姻是相关的，也很难知道它们之间的因果关系，或者二者是否受其他因素影响，例如性格。但我的目的是引起大家对这些数据及其背后原因的关注，而不是提供明确的答案。此外，如果只有基于严密的因果关系才能做出人生决定的话，那么很多事情就没法进行了。

前 言

这本书主要关注叙事会在什么情况下伤害我们。[13] 我的出发点是，在做出影响他人的决定时，人们应该尽可能地减少给他人造成的痛苦和煎熬。[14] 这种立场通常被称为"功利主义"，这在格言"绝大多数人的幸福最大化"中得以体现。为了符合本书目的，我把这句格言改写为"绝少数人的苦难最小化"，这可以被重新定义为"消极功利主义"。因此，遭受最多苦难的人就能得到更多的关注，哪怕为他们减轻一点点苦难，对他们来说都是巨大的改变。当受到不平等带来的负面影响时，人们也可以通过减少不平等来减少痛苦（大多数人都不会觉得公司总裁比医院搬运工的收入高好几倍是不公平的，但如果是高好几百倍就会觉得不公平）。

社会叙事本身没有好坏之分，只有特定背景下的利弊之分。因此，我采取结果主义立场，而非道义主义立场。[15] 结果主义者认为，如果盗窃带来的幸福比它导致的痛苦要多，那么就不算错。而道义主义者认为，盗窃就是错，因为行为本身就包含道德判断。道义主义观点一般不考虑前提和背景。然而，我认为如果是通过偷东西来喂饥饿的孩子在道德上是没错的。

最本质的结果主义者认为，每个人的痛苦都应被平等考虑。[16] 这种平等观点意味着人们应该平等对待自己、家人、朋友和陌生人的痛苦。但这样的结果主义却与道义主义相冲突，比如，我的家庭的痛苦相对他人而言更为重要，换作是你也是如此。因此，我们需要对不同的决定和观点有所区分，有的可以合理偏袒，有的就必须公平公正。

作为父母，我有权也理应爱自己的孩子胜过爱别人的孩子。我会给我的女儿买最好的攀岩鞋或者给我的儿子买昂贵的壁球拍，这样他们就可能在运动时表现得更好。这样也许对你的孩子不利，但我不觉得你也必须得给孩子买。但如果我是攀岩队或壁球队的教练，有人提供了可以购买新装备的赞助呢？这样的话，只给我的孩子买而不给你的孩子买就不公平了。问题的关键是，前一种情况里的钱是我自己的，而后一种情况里则不是。而我的角色也是如此——既是偏心的父母，又是公平的教练。

虽然实际背景很重要，但至少我给孩子的偏爱应该与你给孩子的相同。因此，我接受了结果主义的观点，这种观点允许偏袒，但也需要平衡（父母给予各自孩子的偏爱是相同的）。在考虑不同叙事对人们幸福的整体影响时，偏袒无疑会让我的生活更加艰难，但在必要时，我会以公开透明的方式应对它带来的挑战。

小　结

在讨论叙事陷阱时，我将从道义论角度，继续将重点放在看待与常识相结合的叙事中，但这种叙事会以一种结果主义的方式与常识形成鲜明对比。在这个过程中，你可能需要暂时放下一些一直坚信的事。在考察证据时，我们习惯性地以为自己很慎重、不偏袒，能够仔细思考并且客观冷静地得出结论。但实际上，我们脑海中已有的观念会最先跳出来，并下意识地更关注与之相符的证据。当证据支持我们的观念时，我们就会马上为自己的观念正确而感到骄傲。要是证据与我们的观念相违背呢？那么，我们可能会费尽心机来自圆其说，这样我们就可以继续相信我们之前的观念。如此一来，在被质疑之后，我们可能反倒更坚信自己的观念了。

这被称为"确认偏误"。[17] 在被告知和未被告知嫌疑人的两种情况下，即便证据相同，指纹专家的匹配结果也有差别。如果已知嫌疑人，专家则更倾向于将指纹与嫌疑人本人匹配。写这本书让我开始思考不同叙事间的细微差别，也开始关注能证明我的观念有误的证据。比如，我一直觉得上大学能让人更幸福、对社会有益，但并没有证据非常明显地证明这一点。我觉得离婚对孩子不好，但对很多孩子而言，他们宁愿父母离婚。

如果读完本书，你对于某些叙事的看法更加根深蒂固，那就得考虑一下原因了。这可能是你按照这样的叙事确实感受到了幸福，并且你发现周围的人也是如此。或者可能是你害怕改变，因为这充满挑战和未知，甚至会更令人兴奋。很早以前人们就发现，恐同男性在面对男男性行为时，比非恐同男性更容易产生性兴奋。[18] 我想说的不是所有恐同男性都是潜在的同性恋，而是人的行为和经验是很复杂的，即使对于有明显倾向的人来说也是如此。我写本书的真正目的是希望改变人们对叙事的看法，而不是简单地提出一套供人遵循的新规则。

为了达到这个目的，在每次深入探讨之前，有必要了解一下自己到底在多大程度上被这些叙事影响，这将很有趣。因此，在每一章的开头，你都需要在两种不同的生活之间做出选择，这是为了在遵从叙事和选择幸福之间进行简单的权衡。实际上，遵从叙事也可能会让你获得幸福，但这些假设的选项是为了让你意识到叙事已经对你造成了多么深刻的影响，哪怕它是让你感到痛苦的。因为本书也聚焦于我们为其他人做出的决定，所以我希望你也能帮你的朋友做个选择，这些选择没有对错之分。

第一篇

追求

这一部分包括三章——富有、成功和受教育，分别探讨了三类人们永远乐此不疲的社会叙事。众所周知，这三者任缺其一都会带来焦虑和痛苦，否则我也不会专门讨论它们。然而，社会叙事告诉我们，我们拥有的数量应该更多，质量应该更好。在这种叙事的影响下，人们会认为财富越多越成功，学历越高就越幸福。而这恰恰是一个叙事陷阱，因为你越往上爬，追求这些叙事带来的幸福感就越少，最后甚至会逆转幸福感。想要获得更多幸福，人们的观念就需要从"多多益善"转变为"适可而止"。

后者更像是一种"满意度模型"，在这种决策规则中，一旦找到能够满足预期条件的选项，就停止搜索。这与经济学中的"最大化"假设恰恰相反，"最大化"是不停搜索并反复比较排除，最终得到最佳选项的过程。这两种决策模型最初由赫伯特·西蒙在20世纪50年代提出，并在巴里·施瓦茨的影响下广为人知。举例来说，基于"最大化"原则预订度假酒店时，人们将花费数小时甚至数天在网上寻找最划算的选择。他们会考虑所有关键因素——价格、位置、房间大小、早餐供应、用户评论，等等，经过仔细权衡然后自豪地认为自己找到了最好的选择。而遵循"满意度模型"的人一旦在预算范围内找到合适的酒店，就会立即预订。

我在上文中提到的"适可而止"主要关注每次决策带来的幸福感如何，它并不是退而求其次，而是从自己和身边人的整体幸福感出发，找到一个最适合的选项。在富有、成功和受教育方面"适可而止"，就是幸福的"最大化"。

1 富有

在开始讨论之前，请先回答以下两个问题。记下你的答案，我们会在第一部分末尾再回顾。

请在 A 和 B 中选择你更愿意过的生活：

> A：你很有钱，但不快乐。
>
> B：你不富裕，但很快乐。

请在 A 和 B 中为你的朋友选择一种生活：

> A：你的朋友很有钱，但不快乐。
>
> B：你的朋友不富裕，但很快乐。

财富既保证了世界正常运转，又是万恶之源。钱几乎无所不能，关键在于到底是利用它，还是滥用它。钱能促使全球贸易和服务的组织与合作顺利开展。如果钱突然从世界上消失，那么社会秩序就会陷入混乱，世界也会崩溃。如果钱包和银行卡里没钱，那么吃住都成问题。然而钱本身并没有价值，它只是我们满足欲望、追求幸福的工具。

财富是人们的普遍追求。世界各国政府都会借助国家调查和国内生产总值（GDP）等指标来了解社会经济状况。然而，对于测度经济发展状况来说，人们普遍认为 GDP 并不是一个很好的指标，因为所有形式的经济活动都会导致 GDP 增长——甚至是你堵车时耗费的汽油，而这只会污染环境并让人恼怒。然而，"经济增长已成为一种迷信——一个人们准备牺牲一切的祭坛"[1]，这就是财富叙事的力量。

2008 年皮尤研究中心民意调查显示，50% 以上的美国人认为财富很重要。[2] 2014 年美国中部民意调查显示，50% 的美国人认为财富是美好生活的必要组成部分。[3] 英国人也崇尚财富。在过去 30年里，《星期日泰晤士报》每年都会公布福布斯富豪榜。身边很多人努力工作也是为了赚钱，即使他们已经赚了很多钱。人们并不怎么相信那些声称钱对他们来说不重要的人。

财富也可以促进社会福利。对财富和收入征收的税可以用来解决贫困问题，也可以用来资助被资本市场忽视的领域，如医疗和教育。然而，对经济增长的关注会使人们更努力进行生产和消费，随之而来的幸福回报却值得怀疑。正如约瑟夫·斯蒂格利茨在《不平等的代价》中说的，爱因斯坦为社会福利做出了巨大的贡献，但却没有从经济体系中得到充分回报，因此关于财富的叙事可能导致其他像爱因斯坦一样的人转而投身赚钱的行业。[4]那些位于财富链顶端以及常年在《星期日泰晤士报》富豪榜上有名的人，大多都借助了资本市场的力量，他们的财富往往是继承而来的，而且往往是以对社会不利的方式积累的。

严格来说，财富是指储蓄、投资和财产等形式的累积资产，而且难以衡量。在本书中，我将收入作为财富的主要参考依据。随着时间的推移，收入和财富是持续相关的：高收入人群往往会积累更多财富。然而也有例外：许多退休人员收入低但财富多，而一些年轻人收入高但没有累积资产。由于财富能更好地反映真实的购买力，[5]所以在判断谁更富有时，与收入相比，财富是更合适的指标。

是否越富有越幸福

收入与幸福有何关系？假如将生活满意度作为衡量幸福的标准，那么随着收入增加，幸福与收入的关联性会减弱，但是在大多数研究中，这种联系从未完全消失。[6]生活满意度和收入之间的关系并不明确，特别是与生活的各个方面（如拥有积极的社会关系，以及良好的身心健康）相比。[7]

大量研究表明，贫穷使人痛苦。[8]为了说明这一点，凯特·拉凡、阿莉娜·维利亚和我一直关注英国国家统计局收集的数据中生活最悲惨的人群，这些数据包括 2011 年以来近 20 万人每年的横截面样本。英国国家统计局询问了理查德·莱亚德、罗伯·梅卡夫和我提出的四个有关幸福的问题，每个问题的得分为 0 ~ 10，"0"代表完全否定，"10"代表完全赞同。

· 你对现在的生活总体上满意吗？

· 你觉得生活中所做的事情总体上有价值吗？

· 你昨天开心吗？

· 你昨天焦虑吗？

也许还有更好的问题来衡量幸福感，但基本可以肯定的是，对前三个问题给出 4 分及以下且对最后一题给出 6 分及以上的人可能过得并不好。据此标准，约有 1% 的调查对象感到痛苦，这相当于在五年的数据样本中，每年处于该情况的人有 1 700 ~ 2 000 个（可以据此估算出全国范围内约有 50 万人）。每周收入少于 400 英镑（约每年收入少于 2 万英镑）是让人成为那最悲惨的 1% 的原因之一。当每周收入超过 400 英镑时，边际收益就开始递减。一旦基本需求得到满足，持续增长的收入能给人带来的幸福感就会减少。

通过这样的快问快答并不能真正反映人们日常生活中的感受。为了帮助我们解释收入对幸福感的影响，劳拉·库德纳分析了美国人时间利用情况调查，这些数据在本书中被多次提及。该研究已经持续了十余年，研究人员能从中估算出人们在各项日常活动中消耗的时间。2012 年和 2013 年，研究人员让 2 万多名参与者记录任意一天中所做的事情，第二天会有人打电话给他们，就他们所写的事情问一些问题。受访者用 0 ~ 6 分对每项活动带来的幸福感、意义、压力、疲劳、悲伤和痛苦等感受打分。

1. 富有

图 1 和图 2 分别是"幸福"和"意义"在不同收入组别里的得分情况,二者非常相似。当收入水平较低时,幸福感随着收入的增加而增加,但随后又随着收入的增加而减少。相比其他任何收入水平的人,年收入在 5 万到 7.5 万美元的人感受到了更多的幸福和意义。与大多数人的预测相反,年收入超过 10 万美元的人并不比年收入低于 2.5 万美元的人更幸福。而在"意义"的得分上,富人的情况更糟,收入最高的人反而觉得生活最没有意义。也许当应有尽有时,人们就不再觉得一切那么有意义了。

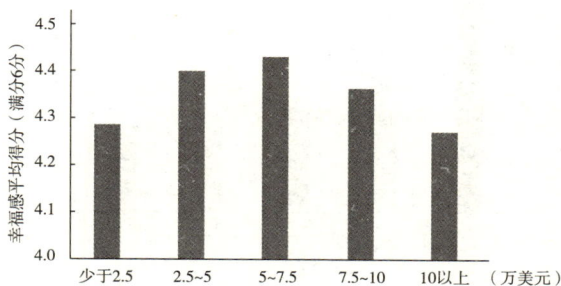

图 1　幸福感与收入关系图

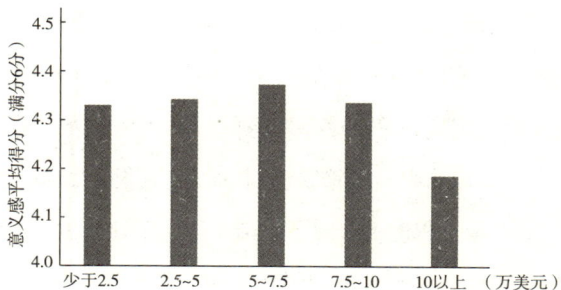

图 2　意义感与收入关系图

说完了"幸福"和"意义",那么人们更加关心的"痛苦"(压力、疲倦、悲伤和痛苦等综合起来)呢?从图3中可以看出,年收入在5万美元以上的群体的痛苦程度并没有显著差异,而年收入在5万美元以下的群体则有更多痛苦。这说明贫穷是痛苦的根源。综合分析"幸福""意义""痛苦"这三个指标可知,在美国,收入最好为"刚刚好",即为5万至7.5万美元。这一收入水平的人既不会因为赚得太少而产生太多痛苦,也不会因为赚得太多而觉得失去意义。

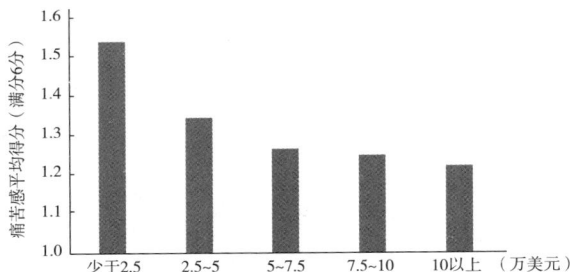

图3　痛苦感与收入关系图

这些数据令人惊讶。虽然无法确定它们之间的因果关系,但其中肯定有一些有趣且说得通的地方。数据表明,富裕会使人将时间和注意力投入进一步积累财富的事情(例如更长的工作时间和通勤时间),还会使人远离带来更多幸福感的活动(例如外出游玩、与亲朋好友聚会)。本以为财富的增长会对幸福造成很大影响,但事实却并非如此,这在很大程度上反映了"追求财富"这一叙事的陷阱。

各种研究表明,年收入7.5万美元(约5万英镑)是一个转折点,在此之后痛苦不会随着收入的增加而减少。而90%的英国人的收入都低于此（在美国是 80%），因此对绝大多数人来说，赚更多钱确实可以减少痛苦。这一点其实非常重要，但又常常被相对富裕的学者和评论员忽略，他们总声称金钱并不重要。钱对有钱人来说确实不重要，但对那些还在为水电费发愁的人来说真的太重要了。[9]

然而大多数人（包括年收入高于 5 万英镑的人）都坚定地认为，痛苦会随着收入的增加而不断减少。无论收入多少，大多数人在年收入达到 5 万英镑之后还想要获得更多的财富。这其实是一种瘾。

比较心理

与他人比较会加深关于财富的叙事陷阱。假设你和我是同事，我们工资相同，但你每月会加薪 200 英镑，感觉很不错，是吧？然而你发现我每月加薪 400 英镑，现在感觉还好吗？这其实有点儿奇怪，因为你仍然可以把这笔加薪用到你喜欢的事上，而且我对你的生活也没有太大影响。但换个角度看，确实只有与别人进行比较时才能知道这笔加薪到底意味着什么。

经济学中大量关于社会比较的研究都假设，人们主要跟与自己在某方面（年龄、性别）相似的人进行比较。然而心理学家发现，人们还会根据某些特征（如收入）与比自己好或差的人（包括过去的自己）"向上"或"向下"进行比较。[10] 在收入方面，大多数人会与收入高于自己的人进行比较。

据调查，身边的人收入越高，人们就觉得自己的生活越糟糕。

包括美国和英国在内的许多国家都通过研究证实了这一点。[11] 当然，也会有例外。[12] 有些人的收入确实与生活满意度是正相关的，例如生活在中国农村地区或拉丁美洲小城市的人。[13] 这可能跟群体内部的资源共享有关，但最主要的原因是人们对财富的期待。当与他人比较，特别是在关系密切或同质化程度高的社区中时，我们会觉得他人就是未来的自己。这种想法会让我们觉得自己可以控制自己的财富。如果我们相信自己有能力富起来，那么看到身边那些"未来的自己"则能够更加激励我们。

有研究证实了这种想法的重要性，人们对幸福的感知受自己在参考群体中所处位置的影响最大，而非自身的实际情况。[14] 一项研究根据个人的绝对收入与其邻居的平均收入来预测生活满意度。[15] 不难猜到，当邻居收入不如自己时，人们的幸福感会增加。

但人们对自己在财富和收入分配中所处的位置往往判断不准。低收入的人往往会高估自己的位置，高收入的人却会低估自己的位置。调查问卷中普遍存在低报工资的情况，这会进一步受到人们对工资的满意程度的影响。研究人员分析了法国工人的样本，比较了雇主提供的员工月收入情况和员工自己反馈的收入情况，结果表明，对工资不太满意的人往往低报，而对工资较为满意的人往往高报。[16]

在研究他人收入对自身幸福的影响时，一大难点就是确定参照群体，即比较的对象。劳拉·库德纳博士在研究中分析了美国人时间利用情况调查和英国 50 岁以上的群体样本，对比了 300 多种参照群体，她发现，有些研究认为参照群体对幸福没有影响，主要是因为选取的

1. 富有

参照群体在心理上离我们太远了。最能影响幸福感的参照群体其实是生活在我们身边的同龄人。如果仅把比较对象简单地定义为生活在同一地区的人，那么幸福感不会受到太大影响，这说明还需要进一步考量其他因素，社会上的比较才会对幸福感产生影响。就个人而言，伦敦政治经济学院其他教授的收入对我的影响远远超过邻居的平均收入对我的影响。

债务是压力和痛苦的直接来源，为了努力追上他人，人们反而可能陷入麻烦。在加拿大，政府经营着一种非常受欢迎的彩票，而研究表明，中大奖者的邻居在两年内申请破产的可能性更大。具体而言，中奖金额每增加 1%，破产概率就会增加 0.04%。对此的解释是，中大奖者的邻居为了让自己跟上中大奖者的脚步，会将更多收入花在汽车和摩托车等有形商品上。[17]

瑞士研究人员将瑞士家庭调查中收入满意度和生活满意度的数据与联邦公路局的区域信息进行对比分析，详细统计了每 1.4 万人中登记保时捷和法拉利的数量。[18] 研究发现，一个街区的保时捷和法拉利数量越多，这个街区的人对自己的工资就越不满意。尽管这对生活满意度的影响不大，但确实比较普遍。

嫉妒可能会产生扭曲效应，特别是涉及金钱时。最近美国的一系列新奇的实验证明了这一点。[19] 在一项实验中，参与者被要求采取羡慕或中立的态度看待一个与他们相似但在某一重要方面又很不同（例如特别富有）的人，然后，参与者需要回答一些结构化问题来估计这个人每天正面和负面的经历（例如，与现在的你相比，你认为他每天会经历多少次麻烦或困扰）。当参与者采取羡慕的态度时，日常的正面经历会远多于负面经历，比如人们会认为有钱的人更幸福；而采取中立态度时就没有那么明显。实验进一步表明，被羡慕群体的实际生活远没有预想的那么好。因此，如果你羡慕别人比你有钱，那么可以想想他们痛苦的通勤、没人照顾的孩子和高额的税款，这会让你更幸福。

越富有并不一定越幸福，原因之一是我们身边的对照群体也"水涨船高"了。仰望那些更富有的人能给人激励和希望，但大多数时候却会使人烦恼和沮丧，并对现状不满，特别是我们开始心生嫉妒时。但如果我们放眼世界，把参照群体想得更广一些呢？假设你是英国人，单身，税后工资 2 000 英镑，那么随机在这个世界上找 32 个人，你会比他们都富有。无论你自身情况如何，如果让你随机跟全世界 70 亿人中的其中一个交换财富，我敢打赌你死活都不会愿意。偶尔这样提醒自己是有帮助的。

炫富心理

人们渴望财富的理由有很多，最普遍的一种就是希望别人觉得自己很有钱，因此，"认同"是财富叙事陷阱中的一个关键驱动力。我们总想给别人留下深刻印象，但这种趋势在第二次工业革命时期（19 世纪中叶到 20 世纪初期）才开始真正蓬勃发展起来。在这个时期，一大批曾经贫穷的人开始积累资本（一夜暴富）。随着财富的

1. 富有

积累，这些人就需要展示他们新的身份地位。当通过钱来向他人展示自身地位时，人们需要有"炫耀性"或"阶级性"消费——能够展示身份和地位的商品和服务。[20]

这种炫耀性消费有三个关键要素。第一，商品必须限量供应。如果每个人都可以买到跟富人同款的华伦天奴运动鞋，那么富人就很难炫耀其独特地位。第二，必须可见。假如运动鞋设计得很普通，跟一般的鞋没什么两样，那么别人也无法从中得知拥有该款运动鞋的人的富有程度。"可见"是指肉眼直接可见或社会属性可见（这在我们的社交中得以体现）。例如，在国外某个奢侈的地方，晒黑的皮肤在肉眼上直接可见，但这也在社会属性上说明了你的地位。（你肯定有过这样的经历：朋友或同事跟你讲述他们假期的冒险故事，或给你看无数张瀑布和海滩照片，让你无聊到想哭。）第三，价格不受质量影响。如果在质量没有提高的情况下商品价格上涨，人们仍然购买该商品，那么他们纯粹是为了商品所象征的地位。这种营销策略真的太绝了，几乎所有炫耀性消费的人都会中这个圈套。当然，这也与商品的"可见程度"有关。比如，口红比洁面乳更加可见，所以价格更不容易受到质量影响。

大量研究表明，炫耀性消费能提高生活满意度。[21]在俄罗斯，人们花在衣服（可见商品）上的钱越多，他们对生活就越满意。[22]然而也有少数研究得出与之相反的结论。在印度，热衷于在珠宝、手机、休闲度假和嫁妆等商品上消费较高的家庭，生活满意度却较低。[23]"跑步机效应"也许能解释这种现象。人们想通过消费来追赶他人，但这同时也会反过来刺激他人继续消费。虽然大家都消费得更多了，但相对位置却没变。（这有点儿像开着保时捷或法拉利在社区里兜风的效果。）

有趣的是，社区的不平等程度越高，人们就越会炫耀自己的地位。在卢卡斯·瓦拉塞克和戈登·布朗的一项研究中，他们首次根据收入不平等程度对美国各州进行排名，然后研究各州的谷歌热搜词排名。[24] 他们先给 60 位普通民众看了下面这段话：

> 人们感兴趣、喜欢买或很想了解的东西反映了他们比别人成功或富有的程度，这些东西被称为"阶级商品"或"地位商品"，购买此类商品的人可能特别在意凸显他们的社会地位。

然后参与者被要求判断谷歌热搜词中的商品是否属于以上类型。结果表明，在不平等程度更高的地区，前 40 个热搜词中有70% 与"地位商品"有关，例如"拉尔夫·劳伦""皮草坎肩""香槟宾治"。在收入水平较为平等的州，热搜词都与"地位商品"无关，相反，都与"非地位商品"有关，例如"烤鸡肉""言情电影"。

我们还发现，社会地位不同的人突出自己地位的方式和程度也不同。[25] 当人们跻身上流社会时，他们希望所有社会阶层都能识别出他们的身份，所以会选择容易被所有人识别的身份标记（例如拥有古铜色皮肤、背爱马仕包等）。对这些人来说，地位的可见性至关重要。然而，处于阶层最顶端的人的购买行为却有些不同，他们在意的是能否被顶层的其他人注意到，而且往往是以更微妙的方式。例如，爱马仕铂金包是世界上最昂贵的包之一，它低调奢华的特征只有时尚精英才能识别。

昂贵而重要的房子

这一部分将分析最花钱的商品——房子，观察比较心理和炫耀心理会对此有什么影响。倒不是说拥有自己的房子，而且越大就会让人越不幸福（这方面的证据很少而且说法不一），但就像我们追求的其他东西一样，比如名牌包，有时追赶他人在经济上很难做到可持续。

房子是另一个能让人炫耀的东西，无论是买房还是租房都可以，而且房子所在地区和地段与身份地位关系更大。拥有自己的房子可以看作一种具有绝对价值的欲望（无论与他人怎么比较，房子本身还是有价值的），而且拥有自己的房子还意味着你已经取得了成功，或至少在通向成功的路上了。这样一来，房子既能通过比较带来相对收益，自身又有绝对价值。

在英国和美国，人们理所当然地认为贷款买房比租房更好，大多数人也确实是这么做的。2010 年的英国社会民意调查显示，86% 的人会在租房和买房之间选择后者。[26] 1999 年该比例为 87%，所以 2008 年的次贷危机对人们的买房欲望根本没有产生什么影响。2014 年的一项美国中部民意调查显示，56% 的美国人认为房子是幸福生活不可或缺的重要部分，[27] 在千禧一代中该比例略低，为 53%。

因此，与拥有住房相关的社会规范和身份象征会让人们无论如何也要努力买房就不足为奇了。英国最近的一项研究发现，与租房相比，一个人的同龄人群体越看重买房，获得抵押贷款对生活满意度的影响就越大。[28] 同一项研究还表明，一个人的同龄群体中买房的人越多，自己的生活满意度就越低。而且如果你的朋友买了房，你买房的成就感就会降低。

我的妻子莱斯在社区里认识了一个很有野心的朋友，她问我妻子打算什么时候搬到一个黄金地段的大房子里去。我妻子天真地说，等我有了畅销书并且上几次电视之后（意思就是说我正在拼命赚钱）。（读者朋友请注意：压根儿没有这回事；出版社和电视台的朋友请注意：确有此事。）我们一家四口住在五居室的房子里，每个人都有自己的房间，孩子们还有一个游戏室，为什么还要换更大的房子呢？社区有很多人都喜欢这样做，只是为了炫耀而已。

如果某物对人的价值取决于其他人对它的看法，那么它的价值就非常容易受社会叙事的影响。1968 年，当我出生时，英国的住房拥有率还不到 50%。跟我一起长大的人都住在公有住房里，也没有谁很想拥有一套自己的房子。但这一切在 20 世纪 80 年代发生了变化，玛格丽特·撒切尔通过房屋购买权计划完成了房屋私有化改革，帮助租户以折扣价买房。因此，英国的住房拥有率在世纪之交稳步上升至 70% 左右，美国也出现了大范围的小幅增长。

1. 富有

从那以后，住房拥有率就一直呈缓慢下降趋势，但在英国和美国都约为 63%。[29] 历史证明，随着时间的推移，观念会反过来受到行为的影响，与之趋于一致。关于买房的社会叙事未来可能会减弱，但目前还没有。然而，英国的平均房价接近平均收入的十倍，减轻买房压力将减轻许多人其他方面的压力。

除了买房之外，房子的大小重要吗？房子越大，活动空间就越多（例如游戏室），而且可以直观地让人觉得你更有钱、更成功。英国最近一项大范围的研究发现，总体而言，男人的生活满意度会因为房子更大而提升，女人则不会。[30] 研究者认为，额外的（可能是空的）房间对男人来说是地位的象征。为了证实这一结论，世界著名的消费专家鲍勃·弗兰克表示，他调查过的大多数人都证实，比起自己住在 4 000 平方英尺*而别人住在 6 000 平方英尺的房子里，他们宁愿住在 3 000 平方英尺而别人住在 2 000 平方英尺的房子里。[31] 因此，房子大小对幸福感来说很重要，而且得是自己的更大才行。

近些年，美国郊区的房子变得越来越大，但随着时间的推移，人们并没有对自己的房子感到更满意。房子的身份属性意味着，从搬进大房子中获得的幸福感会对住小房子的感受造成负面影响。瑞典学者的一项研究表明，在房子上进行额外投资所带来的好处中，有一半是因为与他人比较而相对产生的。[32] 对自己来说，这种好处是绝对的还是相对的都没有多大关系，但这种对比可能会让他人苦恼，

---

* 1 英尺约为 0.3 米。——译者注

并且导致人与人之间的"军备竞赛",让更多人因为想要赶超身边的人而盲目购买更大的房子,尽管他们根本不需要那么多空间。

小 结

如果你拥有的不多,那么努力争取更多绝对是应该的。但是,富裕本身并不能使我们(或我们周围的人)幸福。对大多数人来说,通往财富的道路既漫长又艰难,甚至可能徒劳无功,所以人们想尽可能地走捷径。需要注意的是,对财富的追求是由社会比较和地位驱动的,而不是为了获得更好的体验。即使已经拥有很多,许多人对财富的渴望仍然有增无减。

如今,关于财富的社会叙事似乎更强烈了。每一代人都被鞭策要比上一代人更努力奋斗。在我小时候,没有人会觉得家里有一台电视还不够用。而今,英国普通家庭里几乎人均一台电视。我还记得第一次看到彩色电视时的那种激动。大约在1980年5月10日,我12岁生日时,在邻居家的彩色电视上看西汉姆在足总杯决赛中击败了阿森纳,当时我们家还没有彩色电视。(我12岁生日那天是我人生中最美好的一天,我的孩子们的出生日子也很美好。)直到现在,我们家里也只有一台电视(不过是超大屏的高清电视)。

这章其实是想告诉大家,如果你不是为了收支相抵而挣扎,那就控制住那些鼓励你无休止地追求更多钱的社会叙事。把时间和精力投入到所有你能做的事情当中,从而确保那些为了生活而奔波、等着发

1. 富有

工资、领着救济金的人能够负担基本的生活开支。(在第七章中会提到,帮助他人能给自己带来幸福感。)追求财富的叙事陷阱会让人着迷甚至上瘾,如果不正确地引导,就会导致社会中的攀比、物质上的过度消费,进而增加人们的生活成本。

由于家庭责任,特别是随着家庭成员的壮大和社会期望的作用,想在财富面前"适可而止"并不容易。社交媒体也大肆宣传各种有钱或者一夜暴富的生活,来刺激我们的感官。即使没有这些外界干扰刺激我们追求财富,我们也很难在面对财富时做到"适可而止"。虽然告诉自己"钱已经够用了"听起来有点儿无聊,但至少能给人带来极大的解放。一旦你的钱够花,你就可以停止不断担忧了。

专注于追求财富会使我们对他人更加苛刻,要是他人满足于现状、感到幸福,我们可能会觉得他们不上进或者懒惰,这种想法会让更多人对自己的生活感到苦恼。因此,当别人觉得对他的生活挺满意时,我们就不应该随意给别人贴上"懒惰""不上进""没追求"的标签。追求财富的社会叙事使那些不想追求财富的人蒙羞。我们应该赞扬将时间和精力用于创造社会价值的人,而不是质疑他们为什么不用其追求财富,社交媒体也应该在其中扮演重要角色。

其实,对财富的追求还会带来更广泛的影响,比如过度消费、全球变暖、土地和水资源浪费等。在日常消耗品上过度消费会导致生产过剩和废物过多,最终带来严重的环境污染。有人建议,人类还需要一次类似于 2008 年的经济危机,以限制温室气体的排放。如果你要买东西,请尽量购买可持续使用的商品。

叙事改变人生

如果你是一名家长，在家里强调"适可而止"的理念能帮助孩子从小培养对金钱的正确观念。去年圣诞节前，我问两个孩子想要什么，他们都说什么都不想要，但如果能收到惊喜就会很开心。作为父亲，我在那一刻感到十分自豪（现在听起来有点儿自鸣得意）。

如果你是一名决策者，你可以将公布收入排行榜改为公布纳税排行榜。要想知道世界首富是谁，在谷歌上一搜立刻就知道了（我上次搜索的时候，杰夫·贝佐斯和比尔·盖茨不分伯仲）。但如果要查世界上纳税最多的人是谁，搜索结果却都是关于哪些国家的税率最高的信息。竞争和比较的社会叙事容易让人感到压力，所以我们应该创造一些能让人受益的社会叙事。

2　成功

开始讨论"成功"这一叙事之前，请先回答以下两个问题。记下你的答案，我们会在第一部分末尾再回顾。

请在 A 和 B 中选择你更愿意过的生活：

　　A：你的工作地位非常高，受人尊敬，但经常感到苦恼。

　　B：你的工作很平凡，不受重视，但几乎不觉得苦恼。

请在 A 和 B 中为你的朋友选择一种生活：

　　A：你朋友的工作地位非常高，受人尊敬，但经常感到苦恼。

　　B：你朋友的工作很平凡，不受重视，但几乎不觉得苦恼。

斯蒂芬·弗雷自杀未遂，他说自己情绪崩溃是因为"追求成功已经到了不顾一切的地步，而且认为因此会带来幸福"。[1]让我们来谈谈第二类关于"追求"的叙事，即不断追求成功和地位。成功可以有很多种，但大部分人会专注于事业和工作。这是判断成功与否最直观的方式，所以我们先从这个方面来讨论。美国 18~34 岁的年轻人中，大约有 2/3 认为在高薪职业或专业上取得成就是他们生活中"最重要"或"很重要"的事，其中女性比男性更加认同这一点。[2]

就业与失业

首先要考虑的是，与失业相比，拥有一份工作到底对我们有怎么样的影响。失业对生活满意度的影响与变量的系数一样大。[3] 失业对生活满意度的负面影响很大，与许多其他生活事件（如离婚）不同，失业后的改善似乎微乎其微。生活满意度永远不会从失业的影响中完全恢复过来，即使那些曾经失业的人又重返岗位。信心和职业安全感也会因失业而受到永久的伤害，尤其是在多次失业以后。[4]

研究表明，高失业率会降低就业者的幸福感，但会提升失业者的幸福感，这种现象在男性中尤为明显。[5] 这说明失业率的增长让就业者面临下岗危机，但却让失业者觉得自己好像没那么糟糕，毕竟有越来越多的人加入了他们的阵营。社会规范的力量再次得到了印证。而男性受到的影响似乎比女性受到的影响更大，可能是因为男性往往承担着养家糊口的责任。

关于失业者幸福感的研究似乎说法不一。一些研究表明，就业者和失业者的幸福感相差不大，因为工作中会有一些降低人们幸福

2. 成功

感的事情，而失业者不会受其影响。[6] 德国的研究表明，失业者对空闲时间、兴趣爱好和家庭生活也会更加满意。但是，这些研究没有进一步说明两者生活的意义感是否不同。[7] 值得注意的是，这些研究没有考虑到工作对许多人来说有着额外的意义。许多人认为工作本身就具有意义，我和其他一些学者的研究都证明了这一点。[8] 所以，即便有工作的人也不会比没工作的人感到更幸福，但他们会觉得自己更有价值。

美国人时间利用情况调查的数据表明，失业者生活中的无意义感总体上并没有变少。[9] 阿兰·克鲁格分析发现，男性和女性在这方面可能不同。[10] 即便女性没有工作，但是比男性参与了更多的家务，她们也认为这些活动很有意义。而失业的男性家务做得少，比起就业者来说，生活的意义感也更低。如果排除家庭责任的影响，失业女性生活中的意义感也相对较低。当然，失业者也不完全生活在苦恼之中。总之，不一定有工作才能幸福，但有工作会让人觉得自己是有价值的。如果你是一名男性，你也需要一份工作来让你觉得你做的事情是有意义的——除非你在家务中能获得同样的意义感。

失业给人带来的苦恼跟"成功"的社会叙事中"适可而止"的观念也有关。想要找一份工作也并不代表着他们渴望成功。除了有工作外，有一份好的工作并有出色的表现更是成功的普遍衡量标准之一，所以接下来我们来探讨一下不同的工作类型。

职业中的幸福感

我在《设计幸福》一书中提到过这个故事：

几个星期前，我和我最好的朋友一起出去吃饭，我们很早就认识了。她在一家有名的传媒公司工作，整晚基本上都在抱怨工作多么辛苦，从老板、同事再到通勤都被她抱怨一通。然而在晚餐结束时她却不无讽刺意味地说："不过，我还是很喜欢在那儿工作。"

这个故事告诉我们，"成功"的社会叙事与工作中的幸福体验之间可能存在冲突，前者强调了工作中的地位和认可，而后者只受到职业的相对地位影响。我的朋友在工作中感到痛苦又无趣，但她对工作的叙事却与此毫不相干。一份让我们痛苦的工作并不是什么好工作，但如果它有很高的地位，我们就可以说服自己。那家公司是我朋友一直想去工作的地方，她的父母为她骄傲，朋友们也有点儿羡慕。因此，她为自己编造的叙事参考了社会中关于"地位"的叙事。正如《新政治家》证实的那样，《设计幸福》一书并不会劝你放弃工作，但我会劝我的朋友和读者们放弃。

在我跟一家律师事务所的老板聊到《设计幸福》一书时，他强烈要求我不要向他的员工提出任何辞职建议（当然，我无视这个要

2. 成功

求……）。但如果我跟花店老板聊的话，他肯定不会担心我说服店员换工作。这可能是因为律师相较花店店员有更多职业选择，但是当我说起朋友的例子时，大家反而担心律师会因此受到更大的影响而辞职，这还是挺令人感到意外的。

围绕身份地位的社会叙事表明，律师要比花店店员好。所以花店店员肯定就更想换工作吗？花店店员经济地位不高，但律师的经济地位却很高。我朋友的故事也说明，从另一个角度来说，一份工作可能比另一份"更好"，因为它能让人每天乐此不疲。说到这一点，花店店员的工作似乎比律师更好，因为 87% 的花店店员觉得工作很幸福，而律师因工作带来的幸福感只有 64%。这些数据来源于 2012 年英国伦敦城市与行业协会的调查，该调查采访了来自不同行业的 2 200 名在职人员（2013 年对千禧一代的调查结果也一致）。[11]

最近的调查还发现，传统观念里最"成功"的职业并不是最让人幸福的职业。2014 年，英国智库莱加顿研究所分析了 2013 年工时与收入年度调查数据以及 2011—2013 年英国国家统计局的数据，[12] 希望了解哪些职业的收入最高，哪些职业的平均生活满意度最高。可以猜到，首席执行官和其他高层领导的收入最高，但其生活满意度并不比工资明显更低的秘书高。其他收入较低但生活满意度较高的职业还有神职人员、农场主和健身教练。他们觉得工作充满了意义（如果以我认识的健身教练为例的话，他的工作也充满了乐趣）。

不同的选择会造成不同的影响，选择在花店工作的人可能比选择进律所的人在工作中更幸福一些。而且相较于律师，花店店员未来受到"成功"叙事的影响也可能更小。跟踪同一对象进行纵向研究也许能得到更为确切的答案。希望因工作得到社会认可的人对于认可的态度和敏感度可能也不同。比如，律师更关心别人对他的看法，而花店店员可能就没那么在意。

当然，还有其他因素导致在花店工作比在律师事务所工作幸福感更高，包括更亲近自然、能定期看到劳动成果、通常是和想与自己待在一起的人打交道、可以自己安排工作量。莱加顿研究所的数据表明，超过4/5的花店店员说他们每天都能磨炼自己的技能。在我看来，花店店员和律师之间的幸福感差异是由职业的"处理效应"引起的，这种解释也适用于神职人员、农场主和健身教练。关注工作中的实际体验能够减少社会评价和叙事的干扰，帮助我们避免不必要的痛苦和无意义。

工作时长

关于"追求"的叙事不仅适用于工作，也适用于工作时长，叙事告诉人们要工作更长时间，才能更富裕、更成功。20世纪的经济增长与岗位和工作量的增加有关。经济水平和工作地位更高的人往往也会承担更多的工作量和责任。而且随着财富的增长，这些人越发觉得不能让自己掉队，所以加倍努力。英国著名经济学家约

2. 成功

翰·梅纳德·凯恩斯曾预测，你会在做二休五的工作日中的某个时刻，或者在休息日晒太阳、打高尔夫、看电视的某个时刻，理解他的这个预测——经济水平提高将增加休闲时间。他在许多事情上是对的，但唯独在这件事情上却错了。

随着收入的增加，人们反而会觉得自己不工作时收入就在损失，所以会加倍努力地把时间利用起来。因为，时间就是金钱。有研究表明，把时间看作金钱会减少休闲的乐趣。因此，美国高收入群体相较于中等收入群体，生活幸福感更低。当你把时间都用来赚钱时，你就没有时间用来享受了。

金钱也象征着地位。一些地位很高的人往往将每天工作很长时间视为一种荣誉。苹果首席执行官蒂姆·库克在接受《时代周刊》采访时表示，他每天凌晨 4 点 30 分开始给同事发邮件，而且每天都是办公室里第一个到、最后一个走的人。20 世纪 70 年代以来，与收入较低的人相比，高收入群体的工作时间越来越长。与凯恩斯的预测相反，在精英群体中，工作时长跟社会地位紧密相关。超级富豪疯狂工作并且四处宣传，以证明他们社会地位的优越性。他们的收入的确很高，但他们真的赚到了吗？

美国人时间利用情况调查显示，每周工作 21～30 小时的人的幸福感和意义感都是最高的，而随着工作小时数的增加，烦恼也就开始增加了，这其中没有性别差异。然而，在根据英国国家统计局的数据来预测是什么让人成为那最悲惨的 1% 时，阿莉娜·维利亚肯定地表示，长时间工作是主要原因之一。最悲惨的 1% 比其他人平均每周多工作好几个小时。上文提到的每周收入不到 400 英镑也是原因之一，所以工资不高的人需要在赚足够的钱和不把自己累垮之间进行权衡。

至于到底工作多长时间才是最合适的，就要根据不同的需求、责任和欲望来决定了。很多人其实也愿意长时间工作，他们非常喜欢自己的工作，并且希望投入尽可能多的时间。我有时也有同感，尤其是在写书时，我的很多同事和合作伙伴也有这种感觉。但只有极少数幸运人士才会有这样的体验。

受社会叙事强有力的影响，越来越多的人选择长时间工作。大多数人会无偿加班（或许还有一些带薪加班）是因为他们希望在工作中快速提升自己，而不是因为工作给他们带来了快乐或意义。过长的工作时间困扰着许多不同的职业，比如银行、广告、法律、教育和其他公共服务，以及艺术领域中的低薪职位。"第一个到、最后一个走"的观念不断向员工们施压，所以大家都开始来得更早、走得更晚。

我之前参与了第五频道的电视节目《不聚则散》的录制。一共录了四周，每周六天，每天拍摄 16 个小时。我这么说不是为了让大家同情我，因为电视节目主持人并不是世界上最糟糕的工作（尽管每天要花四小时在泥路上往返，然后在墨西哥夏日的热浪里等待拍摄，简直让人焦躁不安，感觉快要融化了）。然而电视节目的制作就是这样，根据电视行业的先例和行业预期，长时间工作已经成了一件合情合理的事。在电视行业中，"长时间工作"被视为一种荣誉，

2. 成功

但相反会对幸福感产生不利影响，也可能导致生产力下降。

由于人们的工作时间越来越长，近年来对工作倦怠的人数不断增加。金融职位招聘网站 eFinancialCareers 对香港、伦敦、纽约和法兰克福 9 000 名金融从业人员的工作时间进行了调查，结果发现人均每周工作 100 个小时，[13] 大约 20％的人表示自己完全被工作榨干了。最近有很多关于日本职员自杀的新闻，可以说他们是因为工作太长时间而累死的。他们甚至为这种现象起了个名字——过劳死。英国广播公司最近的一项调查发现，近 1/4 的日本公司雇员每月加班超过 80 个小时，超过这一阈值后过劳死的人数会显著增加。

职业倦怠的临界点因人而异。对于每天只需要 4 小时睡眠的人来说，每天工作 12 小时可能是轻而易举的事，而对于每天需要 9 小时睡眠的人来说就完全不一样了。我们应该考虑到个体差异，不能根据社会叙事来“一刀切”。老板一天工作 12 小时，并不代表员工也可以或者应该这样做。因此，决策者应该参考群体的平均值，这样才能了解政策对大多数人的影响，同时也要注意个体差异，尽可能地做适当调整，在两者之间找到平衡，比如根据工作时间的长短来增减薪酬。

研究表明，女性想要在工作和生活之间寻求平衡尤其具有挑战性。[14] 尽管女性在工作中的表现越来越出色，但与工作相比，有孩子的女性仍将家庭责任看得更重，这对男性来说正好相反。[15] 即使女性有工作，她们也被期望多做家务、多照顾家庭，而且她们可能会感到更有义务去做这些事。我的研究表明，较长的通勤时间容易对已婚女性的心理健康产生负面影响，而对男性和单身女性则几乎没有影响。[16] 因为已婚女性回家后仍需承担大量家务，通勤时间过长会挤占她们的家务时间，而男性则不会因此受到影响。

阶级天花板

工人阶级从上班第一天开始就受到歧视。社会流动基金会对英国的 13 家顶尖会计师事务所、律师事务所和金融公司进行调查，发现同一职位对公立学校申请人的要求比对私立学校申请人的要求高。[17] 尽管私立学校的考试环境较公立学校更有利于提高成绩，但这一现象仍然存在。

即便工人阶级成功进入了这些领域，他们也处于劣势：从伦敦政治经济学院的毕业生中就可以看出，在法律、医学和金融等高薪职业中，目前中产阶级和工人阶级的工资差距大约为 17%。该数据来源于 2014 年有 10 万人参与的劳动力调查，这是英国最大的就业调查。[18] 它调查了这些职业群体的阶级背景，并观察他们的收入与背景（比如他们父母的职业地位）的关系，结果显示男女之间没有差异。"职业天花板"得到了媒体的广泛关注，但"阶级天花板"却很少被提及。与大多数研究机构一样，伦敦政治经济学院在性别和种族方面有着多元化的政策，但在教师招聘过程中却缺乏对阶级背景的考虑。

有意思的是，最近英国广播公司关于财富排行的报道大部分都

2. 成功

集中在工资的性别差异上，尤其是英国收入最高的男性克里斯·埃文斯每年收入 200 万英镑，相比之下，英国收入最高的女性克劳迪娅·温科曼的年收入要少 50 万英镑。有报道称，年收入超过 15 万英镑的人中少数族裔占比过少，这种不平等无疑是值得关注的。但几乎没有任何报道提到，这些人中，有近一半是在私立学校接受教育的。除了路易斯·古德尔报道过此事之外，根本没有其他记者关心阶级差异。

虽然各类组织和媒体对其视而不见，但是工人阶级从事中产阶级职业所面临的障碍是实际存在的。本书就是要关注工人阶级在中产阶级环境中取得成功需要的现实条件。比起性别歧视和种族歧视，职业中的阶级障碍更加隐蔽，也更加有害，它阻碍了工人阶级从事中产阶级职业或从中获得相同的收入。

要想获得一份好工作，通常需要从人群中脱颖而出，中产阶级比工人阶级更容易做到这一点，因为工人阶级通常更习惯融入群体。[19] 研究表明，高层阶级的人更有独立意识，而低层阶级的人更有群体意识。[20] 例如，在实验室与陌生人进行短暂的互动交流时，社会经济地位较低的人会更多地表现出配合（例如点头和大笑），社会经济地位较高的人则更有可能表现出一些不配合（例如漫不经心地涂画）。[21] 这些研究可以帮助工人阶级更好地理解彼此的想法。

还有研究表明，工人阶级对周围社会环境的敏感度更高。一项研究在纽约随机调查了 61 位路人，让他们戴上谷歌眼镜，[22] 并在指示下走一个街区，走完之后再问他们认为自己属于哪个阶级。结果显示，阶级较高的人在走的过程中会更少地注意其他人。其他研究用类似的方法也得到了相同的结果，即认为自己社会阶级越高的人，越不会在意身边发生的事。

工人阶级更适应周围的社会环境，因为他们比中产阶级更依赖环境中的其他人。[23] 当资源稀缺时，就需要相互依赖。因此，工人阶级会更注意并体察周围的人。如果你发现有人遇到了麻烦，他们可能早就注意到了。然而在职场里，工人阶级会因为这种特质处于不利地位，中产阶级的个人主义价值观却会占据上风。

与工作中的其他不公平现象一样，阶级不公平也会降低效率。虽然共情能力（与他人联系的能力）在利他主义环境下可能是缺点，但在工作中可能是优势。许多学者证明，共情是杰出领导力的基础。[24] 体察他人的想法和行为可以帮助领导者在事件发生之前做出预判，还能根据每个员工的特长更好地选人用人，提高工作效率。共情能力强的领导者能让员工感受到其工作价值，这是获得工作幸福感的关键。所以工人阶级的这部分特质其实具有很大的价值，而公司往往会忽略这些，这也许会对效益产生负面影响。

工人阶级由于在资源相对匮乏的环境中成长起来，所以对环境和社会威胁更敏感。当面对具有不确定性或者有威胁性的社交场合时，来自工人阶级的孩子的心率和血压有升高趋势，比如在课堂上被点名回答问题后有人发笑，或者未被邀请参加聚会。[25] 这种高度敏感可能不太好，但是各种研究只关注了它的负面影响，却忽略了它可以帮助人提高警惕，特别是在公司和组织的环境下。如果银行员工中工人阶级的比例更高的话，那么其导致的金融危机可能就不会产生那么大范围的影响。

为了效率和公平，更为了幸福，我们需要改善阶级多样性，拥抱阶级差异，就像我们正一步步缓慢而又坚定地走在性别平等和种族平等的道路上一样。多样性可能会导致群体之间的关系紧张，但总有办法可以协调好群体利益。比如，共同的目标能凝聚来自不同背景的人并减少彼此的偏见。[26] 我们对见得越频繁的人越容易产生好感。老板如果想要领导一支更有效率和更包容的队伍，并让每个人（而非特定群体）都因其独特的贡献而感受到自我价值和工作幸福感，那么就必须懂得用这些方法来应对并拥抱多元化的挑战。

社会流动之谜

从效率的角度来看，有些职业中的阶级多样性尤为重要。我们希望人们都能胜任自己的工作。对于大多数职业而言，家庭背景对工作绩效没有太大影响。如果我要做心脏移植手术，我希望由最好的外科医生来做，若不考虑手术过程中的互动交流，我根本不会在乎医生是来自富裕家庭还是贫困家庭（虽然前者的可能性更大）。如果要洗车，我只希望能洗干净，也不会关心是谁洗（绝大多数可能是工人阶级）。

但是对政治家和决策者而言，家庭背景就很重要，人们的行事方式更倾向于与自己利益相同的人保持一致。没有人能准确无误地说出自己没有经历过的事，但一群决策者聚在一起就可以。如果过半数的国会议员曾就读于私立学校，而93％的普通民众都没有，那么我们的代议制民主就根本不具备代表性。吃手工面包的人肯定无法理解面包厂工人的生活。由于选举期间工人阶级投票率下降导致工人阶级议员比例下降，议员就更加缺乏代表性了。

因此，与主要来自中产阶级的外科医生和来自工人阶级的洗车工不同，我们选出来的议员应该来自各个阶级，能够真实地代表全体民众。那么，为了做好工作，哪些工作需要有群体代表性的人呢？我是从工作效率而不是社会公平的角度来探讨，我认为议员代表人数需要按比例分配，这是为了确保工作的有效性，而不是为了所谓的"公平性"（当然，这样做可能既有效率又公平）。

有人可能会考虑到公平性，认为医生不应该全部来自中产阶级。即使医生的工作效率不受其背景影响，让更多工人阶级的孩子也进入医学界就肯定是公平的吗？大多数人都认为需要更多的社会流动让工人阶级的孩子更有机会成为医生（除非市场的需求模式发生变化，否则越来越多的中产阶级孩子将成为洗车工）。我并不完全认同，原因如下。

第一，低技能和高技能的工作在社会中都是被需要的，比如洗车工和医生，所以应该将重点放在改善低技能工人的工作环境、提高其工资和地位上，让人不会因对其绝望而想逃避——或被劝说不要加入。从"成功"的社会叙事中跳脱出来，人们就不会总是想着如何从低端就业转向高端就业了。这一点在未来会越来越重要，

2. 成功

因为人工智能和机器人带来的"美丽新世界"将彻底改变人们的工作方式和工作类型。虽然我们无法预测这场技术革命的最终结果，但可以肯定的是，它无法消除工作中的技能差异。除非我们掌控了关于成功的社会叙事，否则技能上的高低贵贱会因等级制度而加剧。

第二，很有前途的工作通常薪水更高，但往往让人痛苦。工作满意度与收入正相关，但相关性较弱，如果关于成功的社会叙事力量被削弱的话，这种相关性就更弱了。比如，尽管律师地位很高，但它并没有人们想象的那么美好。如果生活幸福的建筑工人有个当银行家的儿子，哪怕他过得并不开心，大家都会觉得这是件好事，而在我看来这就有点儿奇怪。至少社会流动不应该对工作幸福感产生负面影响。

第三，与上一点相关，人们所说的社会流动实际上是指社会经济地位方面的市场流动，如升职或买新房，并不是指社会关系的流动，如参与更多志愿服务或家庭生活。作为社会的一分子，我们应该多参与后者，以削弱通过职业和收入来定义成功的社会叙事；作为个体，我们每个人都应该以最适合自己的方式追求成功。

第四，正如我在本书开头提到的那样，中产阶级观念中的社会流动是每个人都想成为中产阶级。但是很多工人阶级的孩子并不想，而且有充分的理由。当工人阶级的孩子获得社会地位时，他们会失去朋友、社会关系网和认同感，下一章会更深入地讨论这个问题。我知道每个人都可以选择自己想过的生活，哪怕会很艰难，我也知道只要人在不同的群体间转换，都有可能在幸福感上受到打击。私立学校的男孩转到公立学校，可能会因为口音或着装而格格不入。但是往下流动也不是什么好事，向上爬才是社会所认可的。然而对工人阶级来说，成为一名建筑工人且与身边的人继续保持联系，要比成为银行家但与一群跟你没什么共同联系的人成为同事更好。

第五，可能是最重要的一点，社会流动让人以为只要努力就能跨越阶级。我成了伦敦政治经济学院的教授，所以似乎任何工人阶级的孩子都可以；如果他们没有做到，那就是他们缺少天分、不够努力。这种观念进一步强化了现有的不合理制度，并且加剧了机会和结果上的严重不平等。社会竞争永远是不公平的，无论多么努力，工人阶级的孩子总是很难成功。我们将人们置于不切实际的期望中，让其以为自己能有所成就，然后就能获得幸福。而且我们一直在不成比例地表扬和奖励那些出生在优越的家庭、拥有优秀特质的幸运儿。第 9 章将具体讨论这个问题。

小　结

在追求成功时，我们必须清楚需要付出哪些代价。带薪工作确实有利于提高生产力和国内生产总值，也能让人获得幸福。因此，鼓励人们工作是应该的，但不能不惜一切代价。2016 年，大约有一百万英国人签订了零工时合同，这意味着，即使他们想工作，也不能保证每周都有工作可做，而且他们也无权享受病假、工资等福利。大多数人

2. 成功

更喜欢稳定的工作。在美国，大部分工人甚至没有劳动合同来防止自己被解雇，还有将近一千万人属于"穷忙族"，他们有工作但生活水平仍在政府定义的贫困线之下。[27] "适可而止"的观念意味着把这些没有足够收入的人放在优先位置。

如果你要给孩子提就业建议，请鼓励他们思考自己喜欢的职业特点和同事关系。在孩子的学业上，也要建议他们选择自己喜欢的科目，而不是面试官喜欢的科目。但作为父亲，我知道很难让父母不干涉孩子的生活。我对孩子们唯一的期望就是希望他们能幸福快乐，但我也会不由自主地说服他们参加我想让他们参加的运动，希望他们长大后对社会叙事抱着怀疑审慎的态度，还希望他们加入某些抗议组织——因为我对现有的社会结构存在怀疑。我知道未来在其他方面还会有类似的矛盾，但只要他们开心就好……

在伦敦政治经济学院和其他一些大学，大型咨询公司拼命向学生推荐工作，为他们描绘宏伟蓝图。但许多职场新人在整个20多岁的阶段每周都要工作80个小时，在他们讨厌的工作中戴着"金手铐"。许多地位高的职业，工作时间也很长。学校应该为学生提供更好的就业指导，帮助学生选择更有利于个人发展的职业，而不是最赚钱的职业，鼓励学生思考一些影响工作体验的关键问题：该职位一天需要工作多久？我能跟同事们处得来吗？工作中是否有机会学习新的技能？工作中有多少自主权？会有反馈意见吗？通勤需要多久？办公室附近有健身房吗？办公室有自然光和绿植吗？

雇主也有很多需要做的。有人担心关于幸福感的议题已成为公司控制社会的一种新形式。但如果幸福感反馈可以真正提高员工的福利和生产力，并帮助雇主改善工作条件，那就不必担心。当工作受到重视时，人们会更幸福、更高效，所以雇主可以采取多种措施向员工传达积极反馈；[28] 当在工作中能使用多种技能时，人们也会更幸福，所以雇主可以多创造这样的工作岗位和工作机会。[29] 因为幸福的人更高效，所以幸福的员工也能带来更多效益。

跟"富有"的叙事一样，当然这也存在个体差异，有的人受外在因素驱动（如地位和成功），有的人受内在因素驱动（如渴望独立自主、希望提高和成长）。我们可以让人们更多地关注内在的驱动，减少外在因素的干扰。但是，就像重塑财富的社会叙事一样，更现实有效的办法就是创造新的社会叙事，鼓励人们去比较哪些工作对社会更有益，而不是哪些工作收入更高。

3 受教育

按照惯例，请先回答以下两个问题，并记下答案，我们会在第一部分末尾再回顾。

请在 A 和 B 中选择你更愿意过的生活：

　　A：你受过良好的教育，但经常感到痛苦。
　　B：你只受过最基础的教育，但很少感到痛苦。

请在 A 和 B 中为你的朋友选择一种生活：

　　A：你的朋友受过良好的教育，但经常感到痛苦。
　　B：你的朋友只受过最基础的教育，但很少感到痛苦。

重视并追求良好的教育是第三个关于追求的社会叙事。因为有关教育的权威研究都涉及多年制的学校教育和入学资格，所以本章讨论的"教育"是指在学校里的正式学习。这样的定义可能有点儿狭隘，但如果把"学校"的范围扩大到整个社会，那就很难收集数据了。

如今，人们拥有的教育资源比以往任何时候都要好。1945年全世界大约有500所大学，而现在有超过10 000所大学。[1] 在我读大学的20世纪80年代末，只有约1/7的英国人上过大学，而现在几乎是1/2。美国人口普查局的数据表明，现在约1/3的美国人拥有四年制大学学位。[2] 很多人认为这是好事。基础教育确实能带来幸福，但从"适可而止"的理念来看，其效果仍然值得怀疑。

是否学历越高越幸福

从经济回报上看，大学毕业生比没有上大学的人在整个职业生涯中平均能多挣约20万英镑。[3] 这一差距在过去的几十年里不断扩大。[4] 具体差距主要受专业、学校和成绩的影响，尤其是专业。[5] 总之，约5万英镑的教育费用还是值得的，毕竟工作以后能赚回来，而且工资还决定了毕业生的还款率。（与信用卡等无担保债务相比，学生贷款更像是一种所得税。）

教育不仅是对未来的投资，也是消费收益或消费成本。换句话说，教育本身既可以让人感觉良好，也可能让人觉得更糟糕。我上大学完全是因为我觉得这很有趣，特别是与每天需要早起的工作比起来。我当时选学校时只选有特定校园的学校，感觉会比较酷，还有那些距离伦敦至少有150英里的学校，这样父母就不会随时来找

3. 受教育

我。最后我选择了斯望西大学，度过了愉快的大学时光。但如果我当时觉得上大学比工作更糟糕的话，那我肯定不会上。

并不是每个人的大学时光都很美好。实际上，在牛津大学这样的顶尖大学里上学是极具挑战性的。牛津大学学生会最新的一项调查显示，2/3 的学生曾因睡眠不足而缺课。有人说是开派对导致的，但 44% 的学生表示他们在大部分时间甚至每时每刻都感到有压力。剑桥大学的情况也不容乐观。2014 年，剑桥大学英语专业的学生中有 40% 被诊断患有抑郁症。如果你从牛津大学、剑桥大学毕业后找到一份理想的工作，那一切都是值得的，但你得冒着心理健康受损的风险，这实在不值得提倡。

把所有问题都归咎于顶尖大学是不厚道的。这些学生可能刚进入校园的时候压力就比较大。我在伦敦政治经济学院遇到的很多学生都承受着巨大的压力，希望表现优秀。这些压力一部分来源于自己，但很大一部分来源于父母，他们在孩子身上投入了很多，对他们有着很高的期望。学生和父母被"教育成就人生"的社会叙事冲昏了头脑，以至于忽略了教育本身的价值。讽刺的是，这可能会适得其反，因为高压会产生负面影响。

把大学当作对未来幸福的投资值得吗？就像我们判断"幸福"一样，人们所理解的教育对人的影响大多来源于对自己生活的评估。但这绝不是衡量幸福的唯一标准，因为它受到了我们该如何生活的社会叙事的影响，并不是我们真实的生活体验。各种研究之间存在很多差异，但总体而言，教育对生活满意度的直接影响虽然很小，但很关键。然而，由于教育对决定生活满意度的其他决定因素（如收入）产生了积极影响，所以其总体影响力有所增加。[6]

我和凯特·拉凡、阿莉娜·维利亚斯研究了生活最悲惨的 1% 人口（来自英国国家统计局的数据），我们发现，考完 A-levels（英国高考）之后是否继续接受教育基本对这 1% 人口的命运没有影响，但女孩接受基础教育确实能改变命运。这 1% 中的女性有 1/3 没有上过大学，而剩下 99% 中的女性只有 4% 没上过大学。而教育对男性的影响要小很多。

一项研究分析了英国家庭状况调查的数据，将样本根据人们的生活满意度分成不同组。[7] 结果显示，教育对生活满意度较低的人有积极影响，而对生活满意度较高的人有消极影响。如果你对自己的命运不满意，那么教育可能是你飞离痛苦的翅膀；但如果你对生活非常满意，那么教育可能会对你的生活起到反作用。

我们最终关心的是教育在帮助人们逃离痛苦的同时是否真正给我们的生活带来了幸福和意义，可以参考美国人时间利用情况调查。图 4 显示了受教育程度和幸福感之间的关系。总体上看，幸福感随着受教育程度的升高而下降。其中受教育程度较低的不同群体的幸福感都比较接近，并且比其他群体更幸福，拥有学士学位的群体比拥有专业学位或博士学位的群体更幸福。拥有专业学位或博士学位的群体是最不幸福的，他们的幸福感比受教育程度最低的群体还要低 0.35 个单位（量表为 0~6）。

那么意义感呢？即使教育没有增加人们的幸福感，它也能让人

3. 受教育

感到充实、能丰富人们的体验吗？希腊哲学家亚里士多德认为答案是肯定的，他将智力活动与他提出的"幸福"相联系，提倡道德、善良和有意义的生活。但他可能会对下面的数据感到疑惑。图 5 显示，意义感总体上随着受教育程度的提高而降低，尽管拥有硕士学位的人的表现要好一些。我对此想不通，有人想通了吗？

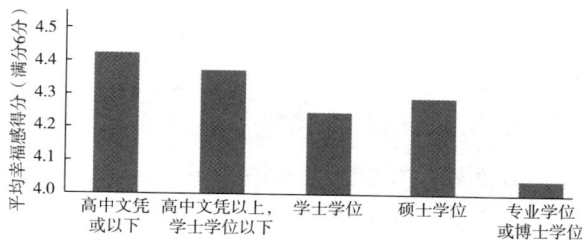

图 4　幸福感和教育的关系

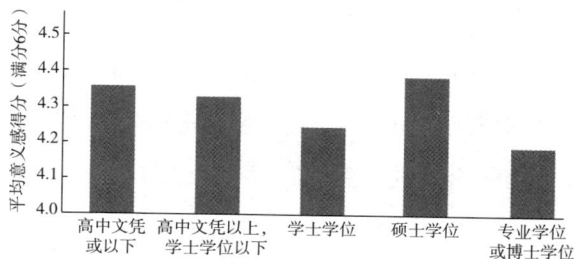

图 5　意义感和教育的关系

正如"富有"一章中所说，即便高收入没有增加人们的幸福感，至少也减少了痛苦。那教育也有同样的效果吗？从图 6 来看，似乎并没有。高等教育并没有很好地让人们免受痛苦。高中及以下学历的人痛苦程度最高，但并没有比其他群体高多少。

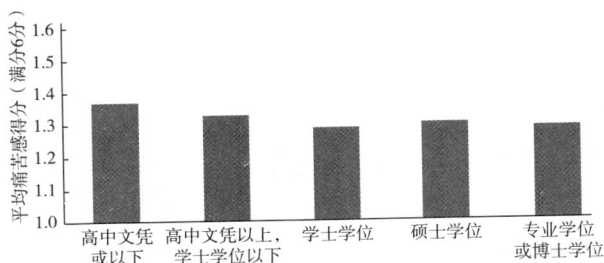

图 6　痛苦感和教育的关系

第 1 章中提到，他人收入的增加会对我们造成负面影响，而关于相对受教育程度对幸福感影响的研究则较少。这说明教育中没有那么明显的社会比较，但已有证据还不足以证明这一点。一项研究分析了来自英国、德国和澳大利亚的数据，结果发现，在根据地区、年份和年龄划分的不同参照组别中，生活满意度与受教育程度为负相关。也就是说，如果在你提升自身学历的同时，别人的受教育程度也有所提升，而且比你更高，那你还是不会对生活感到很满意。似乎一切都是相对的，至少在生活满意度方面是这样。

智力与生活满意度

如前所述，学校教育只是教育的一小部分。幸福感和智力的关系也值得探讨。智力的概念和衡量标准众说纷纭。智商测试往往有利于白人和中产阶级男性，而忽视了女性和工人阶级群体比较突出的情绪智力和社会智力。因此，我在讨论中不会过多关注认知能力，虽然其与幸福感的关系也很值得探究。

2017 年的一项荟萃分析发现，智力（使用一般心理能力问卷进行调查）和生活满意度呈微弱的正相关。[8] 2012 年，鲁特·范荷文和崔耀文对 23 项有关幸福感与智力的研究进行了文献综述，这些研究覆盖了近 10 个国家和 16 000 人。[9] 最终发现，智力和幸福感之间没有关系，这与其他研究的分析结果一致。

在这 23 项研究中，有 17 项测量了日常情绪等个人体验的指标，有些还包括总体幸福感和生活满意度等评估指标。在这 17 项中，只有一项 1980 年左右的研究表明，智商高的人的生活体验会更好，而且发现幸福的人也更有创意。该研究调查了近 2 000 名德国成年人对于一些城市、职业或政治概念的看法，同时还有人在一旁记录他们看上去心情如何。结果显示，心情好的人能提出更多想法。所以创造力似乎与情绪相关，或者至少与表面上的情绪有关。

儿童智力较低可能会增加患精神分裂症、成人抑郁症和成人焦虑症的风险，[10] 而智力太高也有弊端，这恰恰证明了"适可而止"的观点。一项研究发现，躁狂特征（与双相情感障碍相关）最明显的那 10% 的人，在 8 岁时的智商得分比该特征最不明显的 10% 的人高出约 10 分。[11] 其中躁狂特征的测量使用了轻躁症状自评量表（HCL-32），对象为 22～33 岁的群体。这说明特别聪明的孩子更有可能在成年后产生心理健康问题。

对此，一项针对约 100 万瑞典居民的研究进一步发现：学习成绩好的男性在未来生活中发生双相情感障碍的可能性是其他男性的四倍；在女性中则没有这种差异。[12] 由于是上学之后才确诊出疾病，因此智力与心理健康有着因果关系。当然，学生可能在学校就已经有双相情感障碍但未被发现，所以也有可能是双相情感障碍促进了学习。但不管怎样，由此可以推断，过度思考和过度自省可能有不利的一面。

阶层跃迁

人们没有注意到幸福感与教育之间的紧密联系，可能是因为从教育中获益最多的工人阶级在受到高等教育后，就失去了他们原有的社会网络和身份认同。价值观在同一阶级中相似，在不同阶级间有别。如果有人想融入某一阶级，但又不符合其价值体系，那他可能会面临很大的困难。为了适应环境，经历了社会流动的人很可能会在攀爬社会阶梯的路上失去自我认同感。[13] 努力向上跃升还意味着他们对所处背景不满意，这催生了他们的耻辱感。[14]

慈善家郎埃圳表示，当身边同学也获得同样的奖学金时，来自工人阶级的学生就更有可能继续接受教育。经济学家乔治·阿克洛夫也表示，社会网络和自己在其中的角色对学生来说是难以割舍的。[15] 这就解释了郎埃圳的说法，因为他们可以继续与身边的同学保持相同的行为和价值观。

定性研究表明，社会经济地位较低的学生在从高中过渡到大学时更加艰难。比如，一些关于来自低收入家庭的学生的个人报道和

3. 受教育

专访中都提到，他们在大学期间很难与他人保持一致的身份，经常会感到孤独和自卑。[16] 这些学生在大学中的归属感也较低。[17] 而在社会群体中的归属感对学习成绩和幸福感又至关重要。[18] 这就是为什么在获得同样奖学金的学生中，来自贫困家庭的学生不如富裕家庭的学生幸福，并且在学业成绩方面处于劣势。

根据社会支配理论，工人阶级价值观向中产阶级转变可能会威胁到大多数中产阶级。[19] 如果前者很容易跃升到后者，那么中产阶级特权的稳定性将受到威胁，这种向上流动的威胁给中产阶级提了个醒。因此，为了维护中产阶级的价值体系，高等院校就有理由在工人阶级的学生之间加深并强化疏离感。

通过遵守规则，工人阶级个人被同化进中产阶级群体，这样可以防止中产阶级的价值体系受到影响和挑战。接受中产阶级的价值观并遵循其行为方式，让社会认同"要成为知识分子，就必须言行都有知识分子的样子"。如果与之相悖，那么就有可能被拒绝或被排挤。难怪那些想要保持身份认同的工人阶级的大学生会觉得痛苦。所有这些看似微不足道的心理冲突逐渐累积，最后就成了让出身于工人阶级的学生惧怕大学的理由。

我现在的一位大学同事兼朋友的谈吐听起来好像具有优越的家庭教养，而让我震惊的是，他以前有很浓厚的北方口音。刚上大学时他因为口音而被导师和同学嘲笑，所以他努力改掉了。虽然他客观上成功了，但他仍然讨厌那种必须改变自己才能融入学术界的感觉。有的人可能除了没上大学之外在其他方面都跟我同事很像，但他们甚至会比他更幸福，尽管收入相对较少。

　　英国家庭状况调查进行的一项纵向研究也证实了工人阶级在阶级跃升的过程中会失去社会网络、价值观和身份认同。向上的阶层流动被发现与孤立感、敏感心理、心理健康问题以及较低的生活满意度有关。[20] 记者、学者和其他行业中的工人阶级也经常感觉自己是局外人。[21] 因此，我们就有必要注意，几乎所有关于社会流动影响的研究都聚焦于经济上的提升，却忽略了阶级跃升过程中被牺牲的幸福感。

阶层中的教育

　　现在来讨论一下不同社会阶层中的教育。如果我们的教育遵循科学的方法，那学校中应该采用的是协作互助的学习方法，这有利于提高成绩。[22] 然而，在英国和美国，各个阶段的教育都更鼓励竞争和独立学习。正如上一章所述，工人阶级的价值观更多是基于集体主义而非个人主义。因此可以说，低效的中产阶级价值体系的发展是以牺牲高效的工人阶级价值体系为代价的。

　　以耶鲁大学网站上的申请指南为例："追求你内心所爱并用其来打动我们，做你自己。"这些话都强调了"脱颖而出"的能力。这些品质都与中产阶级的价值观和理念相符，但却对工人阶级不利，因为他们的价值观更侧重于团队合作。所以耶鲁大学可以考虑换一种说法，比如"请说出一件你与他人合作完成并令你感到骄傲的事情"，或者"请说出一次你发现某一社会问题并通过行动改变它的经历"。

美国的妮可·斯蒂芬斯和她的同事们研究了文化规范对大学的影响以及如何解决相关的问题。他们先对大学的管理层进行调查，让他们判断某些陈述与大学价值观的匹配程度。[23] 在这些陈述中，一些更侧重于独立，而另一些更侧重于互助。结果发现这些大学都更侧重于独立，而非互助。斯蒂芬斯在后续研究中还发现，与中产阶级学生相比，工人阶级学生更有可能被集体目标激励，这预示着他们也很难有突出的学业表现。

现在到了有趣的部分。研究人员先向不同私立大学的新生介绍了大学的教育理念和使命，或偏向个人主义，或强调集体主义，然后让他们填纵横字谜。在强调集体主义的大学里，中产阶级和工人阶级学生都表现得很好；在强调个人主义的大学里，中产阶级学生也做得很好，但是工人阶级学生填出来的字谜明显更少。

现在真正有趣的来了。斯蒂芬斯及其同事让学生们进行小组讨论，并观察他们的表现，也发现了类似的情况。在研究中，学生被随机分配到两个讨论组中。一组（背景组）的讨论内容关于学生阶级背景对大学经历的影响，例如，请列举你在学校遇到的一个困难以及你是如何解决的。另一组（普通组）的讨论与学生背景无关，例如，如何才能在你的阶级里取得成功。在期末考试上，背景组第一代学生的成绩高于普通组的第一代学生。对于父母上过大学的人来说，情况也没有什么不同。我们需要更多的重复实验来验证这些结论的可靠程度，但令人难以置信的是，如此小的干预可以产生如此大的影响。

这强烈表明，如果大学在教育理念和使命中更强调团结协作，工人阶级学生将会受益，而中产阶级学生也不会有所损失。我们的教育体系应该允许工人阶级的孩子表达自己的价值观，用自己的口音说话。这适用于所有年龄段的学生，而不仅仅是接受高等教育的成年人。

我们还需要警惕人们印象中的阶级差异，它还在刻板印象下被不断加深。[24] 也就是说，人们对一些阶级层面的思考和行为方式有些负面的印象，比如工人阶级学生智力较低。确实有研究表明，工人阶级学生在智力上的表现比中产阶级学生差，例如考试中的口头表达部分。[25] 然而，这种差异仅仅存在于学习任务上，而非智力能力诊断上。这种负面印象会导致阶级差异进一步扩大。英国最新的一项研究表明，学校里中产阶级学生和工人阶级学生（以享有学校免费餐食资格的学生为准）的学年成绩差异为27%。[26]

值得庆幸的是，在我们自己的一些研究（由伊恩·哈登主导）中，以"自我肯定型任务"的形式进行的简单干预有助于缩小这些差距。自我肯定能促使学生思考一些具有重要的个人价值的事情，从而减少刻板印象。我们从一所具有文化多样性的综合性中学里选了两组年龄为11～14岁的学生，该学校接受免费餐食的学生比例高于平均水平。第一组（自我肯定组）被要求写一篇作文，写下三个对自己很有价值的事情（例如家庭），并说明原因。第二组（对照组）也被要求写一篇作文，但是要写三个对他们来说不重要但对其他人很有价值的事。

之后我们评估了这些学生在该学年的三次数学测验中的表现，并且分析了其学年末的压力水平、受到刻板印象的影响情况、自我完整性和学业适应情况。结果发现，自我肯定型写作任务仅对工人阶级学生有帮助，显著提高了他们的数学成绩，在一年内将两组的成绩差距缩小了 50%，且使学年末压力水平显著下降。因此，仅仅是让学生表达对他们重要的价值观，就可以有效地提高工人阶级学生的表现并减轻其压力。

教育造福社会

除个人利益（和成本）之外，受过良好教育的劳动力也能赚得更多、贡献更多税收、更具生产力、创造新的就业机会并推动经济增长。我们相信更多的教育对社会是有益的。伦敦政治经济学院最近的一项研究在分析了 1950—2010 年 78 个国家 1 500 个地区的 15 000 所大学的分布情况 [27] 后发现，一个地区的大学数量与未来人均 GDP 的增长之间存在强烈的正相关关系。如果某地区的大学数量增加一倍，那么该地区未来人均 GDP 将增长 4%，全国 GDP 将增长 0.5%。这种区域性增长跟学生人数增加有关，他们会刺激地区消费。而且大学教育还有正面溢出效应：为公司提供高技术人才以提高其生产力，通过科研推动创新（根据专利注册数量可知）。

大学还可以带来其他好处。最明显的就是，随着整体受教育程度的提高，入室盗窃、偷窃和刑事损害等犯罪行为大量减少。[28] 大学中的国际学生也能让人体验到多元和差异，从而鼓励新思想并减少偏见和歧视。[29] 高等教育还能促进人们对民主的支持，如更加支持言论自由。[30]

当然，我们并不知道将同样的资源投入到其他方面会不会有更好的效果，例如补贴教师、护士等职业培训。艾莉森·沃尔夫提出了一个有说服力的观点：大学为学生贴上了一个"聪明人"的标签。[31] 所以，毕业生能赚更多的钱不一定是因为他们的工作效率更高，可能只是因为他们证明了自己能通过考试。这么说并不是没有依据，近 1/3 的毕业生表示他们的工作不需要拿到学位也可以做。[32]

虽然大学教育确实对各方面的增长有利，但这些增长是否真的对人有利呢？我们太过于关注有关经济增长和教育的叙事，而忽略了它们不利的一面，包括环境破坏、企业腐败和逃税、白领犯罪的增加。[33] 温室气体排放是追求经济增长的必然结果，在某种程度上，高等教育的负面影响助长了温室气体排放。如果大学教育确实带来了增长，我们不能想当然地认为这些都是有益的增长，尤其是在美国、英国这样的发达国家。至少，必须考虑其造成的环境破坏。正如戴维·皮林所言："无穷无尽的扩张只有在经济学中才被看成是好事，而在生物学中，它被称为'癌症'。"[34]

由受过教育的人研发的新技术既可能造福人类，也可能危害社会，这取决于我们如何使用。由于社会对未来的乐观，人们总倾向

于认为创新有益，这也可以理解。当聪明人进行创新时，情况可能
会更加糟糕。尽管我是个根深蒂固的乐观主义者，但我还是对此深
表怀疑。随着机器人将大多数人赶出劳动力市场（包括发明它们的
聪明人），人类完全有可能对人工智能的发展感到后悔。

为教育买单

我希望在将来，大学的支出由受益人来承担。平均而言，大学
毕业生的收入比从未上过大学的人的收入多几十万英镑。而且似
乎学生对教育的回报了如指掌，尤其是在美国。在过去的 50 年里，
高中毕业后上大学的人数与大学教育的预期回报相关，当上完大学
可以赚更多的钱时，上大学的人数就会增加。（美国的教育回报率
一直相对较高，因为毕业率在下降，特别是男性；所以学生知道如
果他们想赚更多的钱，就应该上大学，但他们中的许多人不知道如
何才能顺利毕业。）

在此基础上，有理由要求学生支付大学教育的全部费用，纳税
人无须承担太多。从根本上说，我反对这样的观点：没上过大学或
不能上大学的人要被征税来资助上大学的人。伦敦富人区受高等教
育的人的比重为 2/3，而布里斯托尔、利兹和诺丁汉等较贫困地区
的该比重仅为 1/6。我找不到任何布里斯托尔的建筑工人应该资助
伦敦芬奇利地区银行家的子女上大学的理由。

我知道这样一来，一些工人阶级学生可能会出于学费"负担心

理"而放弃申请大学，但实际上没有足够的证据可以证明这一点。如果真是这样，自 1998 年开始收取学费以来，贫困学生申请大学的人数应该下降才对，而且应该在 2012 年跌到谷底，因为当年英格兰和威尔士的学费翻了三番，达到了每年 9 000 英镑。但实际上并没有下降。在过去十年中，穷人群体和富人群体的入学率都一直在增长。学费上涨增加了贫困地区学生接受高等教育的机会，因为大学在招生方面不再像刚开始收取学费时那样受限制。英格兰和威尔士入学增长率甚至比苏格兰还高（苏格兰免除本地学生的学费）。[35]

话虽如此，可大家会觉得努力扩大入学学生范围的大学不是什么好大学。这些大学的辍学率非常高，且工人阶级学生更有可能辍学。伦敦政治经济学院约有 3% 的学生在第一年辍学，而伦敦都市大学则为 18%。戴安娜·雷伊等人认为，由于人们对大学地位的认知差异以及工人阶级学生在这些大学过于集中，高等教育中的阶级不平等已经从体制外的排斥转变为体制内的矛盾。[36]

因此，除了具有明显社会价值的科目和需要鼓励更多工人阶级参与的科目之外，对高等教育的其他补贴可以取消。公共资源应该用来补贴对社会更有益的行业，比如教学。可以为学生们提供奖学金、减免学费等，以鼓励出身工人阶级的学生进入这些行业，以及艺术等由富裕家庭学生主导的行业。

追求教育的社会叙事影响力太强，以至于许多研究人员、政治家和评论员（这些人几乎都上过大学）都认为补贴高等教育是在公平有效地利用公共资源。然而，这对没有从大学中获益的人来说却很不公平。首先，他们不得不为大学的受益者买单；其次，如果把用于资助高等教育的资源放在其他地方，也许能产生更大的社会效益。

但需要明确的是，绝对有必要提倡并资助创新型和有影响力的研究。大约 1/4 的英国研发经费都流向高等教育领域，该比例在德国和美国约为 1/6。这些差异在一定程度上解释了为什么英国在知识产权方面表现得非常好（这是英国大学擅长的），但科研转化率却没那么高（在这方面英国大学不太在行）。但有争议的是，一些研究交流以及创新在大学以外的研究中心进行可能会更有效。

小　结

受教育程度与幸福感的联系微乎其微。正如对待许多其他问题一样，我们必须要小心因果关系，受教育程度最高的人有可能从一开始就不快乐。这种不快乐甚至可能导致他们通过教育来寻求某种形式的认可，如果没有这种认可，他们可能感觉更糟糕。财富和成功亦是如此，但就像对待其他有关"追求"的叙事一样，我们至少可以看看"适可而止"对于教育是否也有积极影响。

总的来说，在"适可而止"的教育体系下，政府会在幼儿教育上投入更多。而让人遗憾的是，英国目前在高等教育上的投入是在五岁以下幼儿教育上的投入的两倍。来自工人阶级的孩子在上学之前就明显表现出比中产阶级同龄人更低的认知发展水平。[37] 早期干预是由詹姆斯·赫克曼首先提出并建立的著名理论，其效果显著，[38] 尽管随着跟踪调查时间的推移也有所减弱（赫克曼本人也这么认为），但早期干预确实消除了社会阶层之间存在的部分教育不公平。[39] 虽然英国对幼儿园到高中阶段的人均教育投入确实高于大学阶段（2000 年的情况竟然恰恰相反），但按实际价值计算，过去十年中，英国在校学生人均教育支出却一直停滞不前。

我们需要打破"教育是通向美好生活的唯一道路"的观念——这主要是由拥有大学学位且认为没有就不能活的人宣扬的。我们需要合理地考虑没上过大学的人，而非过多地为上大学的人投入。出于效率和公平的原因，我们需要将重点和资源转向继续教育，比如以职业培训和师徒结对的形式为希望从事特定职业（如会计和工程）的人提供机会。有趣的是，很多青少年更愿意去职业学校，但他们的父母却很希望他们上大学。人们认为，16 岁后不将你送入大学继续接受教育是一种耻辱，削减继续教育的开支也是如此。

脱贫的真正途径是向数百万的护理人员、助教、清洁工和劳动者支付能够养家糊口的工资，并且根据他们对社会的影响和价值，为他们提供应有的社会地位。这些都是未来经济增长最依赖的职业，但因为人们对毕业生所从事的工作过于痴迷，所以其报酬过低且被社会低估。[40] 或者说，现在的工作要求至少是大学毕业生。

总体而言，大学教育确实产生了明显的社会效益，但还不至于像大家口中所说的那样"有百利而无一害"。通过促进社会发展、公民参与等方面的创新，重新设计大、中、小学教育体系，完全有可能以更

3. 受教育

低的公共成本产生类似的效益，而个人的钱包和银行账户也能少一些不必要的支出。

我们的教育体系还有很多需要改进的地方，比如让它更能接受不同的文化和学习方式。在现行的教育系统中，工人阶级的白人男孩尤其会感到被疏离，被强迫接受中产阶级的价值观和行为模式。[41] 这非常不公平，也十分低效，甚至根本没必要这样做。我们必须给予接受高等教育的人不同的经历，为没接受高等教育的人创造更好的叙事。但与此同时，我们需要知道教育应该在何时"适可而止"，尤其是在关乎幸福方面。毕竟生活在痛苦中并不是什么好事，也不是明智的选择。

本篇总结

人们越来越沉迷于财富、成功和教育。我想再次强调，贫困会给人带来极大的痛苦。在 21 世纪的美国，在低收入和受教育程度低的中年白人中，"绝望死"（死于吸毒、酗酒和自杀）人数的增加，被归咎于这些人在经济上感到落后。[1]但与此同时，我们许多人又拥有得太多，已经远远超过了减轻痛苦的需要，显示出不同人之间收入差距明显。人们也许有种天生的欲望，但关于"追求"的叙事更加促使人们无止境地沉迷于金钱、成功和教育。社会叙事放大了人的欲望。

众所周知，缺乏目标和动机对人的终身发展有不利影响，但目的性太强也会起反作用。不断设定目标会给人带来焦虑，导致严重的心理健康问题。这么说并不是让人不再设定目标，而是要以能让人幸福的方式重构目标。财富、成功和教育都值得努力追求，但要知道"适可而止"。

在为他人做决定或者提建议时，我们也要记得这一点。例如，父母可以提醒孩子在追求财富、成功和教育时不能忘记自身的幸福感受。很多父母过于看重孩子的学习成绩、体育成绩或乐器特长等。追求卓越不一定要牺牲生活乐趣。事实上，人们往往喜欢自己所擅长的，而且擅长自己所喜欢的。但是，当父母过于关注孩子的成就时，孩子就不可能在这趟旅途中找到乐趣。我看到与斯坦利一起打壁球的孩子失去了对壁球的兴趣，因为他们咄咄逼人的父母只关心结果而不在乎过程（通常是玩壁球的父亲想要通过孩子实现自己未完成的梦想）。

你可能会觉得我并不担心孩子们未来的发展，是因为凭他们现有的条件，无论如何都会发展得很好。即便如此，莱斯和我也一直都鼓励波比和斯坦利，而不是对他们说教。我从未因为父母的期望而感到有负担，他们支持我追求任何职业，甚至告诉我根本不用去苦苦追求，顺其自然就好。我相信我的生活因此更加幸福。如果这种观念适用于我贫穷的小时候，那么也适用于我相对富裕的现在。

如果政治家真的想解决不平等问题，确保尽可能多的人拥有足够资源，那么就需要确保富人不再"用政治影响力来减税和削减政府开支"。此外，还需要多与民众沟通，帮助大家戒除对财富、成功和教育元叙事的"瘾"。这需要借助治疗成瘾患者的干预措施，主要有三个步骤。

首先是接受。你必须接受民众不满足于现状的心理，或者现状确实不如意所以想要更多的心理。（这很好地解释了为什么穷人会支持给富人减税：等自己富了之后就能少交税了。）

其次是要有信心。即便有些人不听，也不要气馁。当你试图说服他们不要过度追求时，最沉迷其中的人也最不可能相信你。人们很容易将这种瘾归咎于自己的信仰和行为，但人的行为实际上受到了叙事陷阱的干扰。因此，要全面考虑制定的政策会如何影响人，而不是控制人。

最后就是立即行动。先解决财富、成功和教育方面的不公平现象，然后让人们意识到自己的瘾，这说起来容易做起来难。然而帮助他人和管理他人本身就是密不可分的。民众的偏好和行为决定了社会期望。质疑和挑战叙事陷阱能够改变人们欲望的性质和程度。

越相信"适可而止"，人们就越可能限制自己的物质消费，并且更倾向于将资源从绰绰有余的人手中拿来重新分配给远远不够的人。消费欲望的减弱也意味着人们将更好地解决当今一些关键又看似难以解决的集体问题，例如气候变化。在过去，地球经历了五次这样的变化，生物多样性急剧下降。人们有可能正在走向"第六次灭绝"，甚至可能走向智人灭绝。[2] 如果人们想要降低这种可能性，那么就要避免掉入这样一个陷阱——追求更多财富、成功、教育、经济增长和消费以带来更多的快乐。

希望我至少已经说服了你不再批评那些没有一直努力追求的人。关于幸福的研究中，没有任何内容表明财富、成功和教育元叙事上瘾对人们有益。在追求的过程中，我们除了为自己和他人设定目标之外，还会改变与人相处的模式。这些选择本身就很有趣，所以接下来会讨论其他关系的元叙事及其组成部分中的子叙事。

但在此之前，让我们看看其他人对这一部分每章开头问题的答案。我和阿曼达·亨伍德、劳拉·库德纳在线上向来自英国和美国的 200 人提出了相同的问题。结果如图 7 所示。

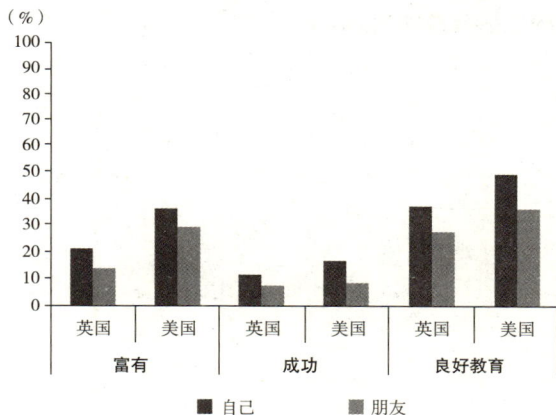

（%）

图 7　为自己和为朋友选择 A 生活（叙事）和 B 生活（快乐）的百分比

首先可以看到的是，每个选项都有人选，即使是让人痛苦的选项，因为人们经常为了满足社会叙事而牺牲自己的幸福。对于英、美两国人而言，教育比财富重要，而财富又比成功重要。三个叙事对美国人而言都比对英国人更重要。两国看待财富的态度差异最大，美国的选择人数是英国的两倍，他们似乎愿意为了财富而牺牲幸福。令人（至少令我）惊讶的是，只有一半的美国人会为了教育而牺牲幸福。两个国家的人在不同的问题上都有一个共同点——不太愿意为了满足社会叙事而牺牲自己朋友的幸福。

但讽刺的是，这可能是因为，虽然我们希望朋友们幸福，但我们不想让他们过得比我们更好。更有可能是因为，当我们在为朋友做选择时，我们将自己从自我感受和社会叙事中抽离了出来，更能体会生活的痛苦，又不太容易被叙事干扰。我们不认为朋友们为了过上真实的生活会遇到相同障碍。

第二篇

关系

这一部分的三个章节都是关于我们个人生活的社会叙事，以及应该如何与最亲近的人相处。按照社会叙事，人们应该结婚生子并忠于另一半。但人们的选择还有很多。我并不是让你永远不结婚、保持多角恋关系、不要孩子，而是说要是你选择了其中一种或多种方式，你不应该被严厉地指责。同样，你也不应该指责他人的选择。摆脱叙事陷阱并不意味着就不能选择结婚、生子并忠于彼此，但你选择它们应该是因为它们适合你，而不是社会叙事驱使你做出如此选择。

　　可如果这些叙事在现实生活中不复存在的话，我们是否会变得更幸福或者不至于像现在这样被叙事压得喘不过气呢？虽然目前的研究无法给出肯定的答案，但是可以让你改变视角。在本书的各个部分，我都希望你能结合自身经验和身边同类人的经验，为自己、为在乎的人、为需要对其负责的人做出决定。

4 婚姻

请先回答以下两个问题并记下答案，在第二部分末尾我们会再回顾。

请在 A 和 B 中选择你更愿意过的生活：

> A：你已结婚，但经常感到痛苦。
>
> B：你没结过婚，也不会结婚，但很少感到痛苦。

请在 A 和 B 中为你的朋友选择一种生活：

> A：你的朋友已结婚，但经常感到痛苦。
>
> B：你的朋友没结过婚，也不会结婚，但很少感到痛苦。

回想一下你儿童时期的睡前故事，我打赌这些话你肯定很熟悉："然后他们坠入爱河，结了婚，从此过上了幸福美满的生活。"这些想象中的幸福结局伴随我们长大成人。绝大多数人都认为，婚姻是我们理想生活的一部分，而且会想当然地觉得别人也是这么认为的。人们会觉得 40 岁还未婚的人是不幸的，他们一定还在苦苦寻找生命中的另一半，就好像每个人都需要结婚，而且总有一个对的人在等着自己。

婚姻仍然被许多人看作生活的基本要素之一。2013 年以来，我向 7 000 多名德国人每两个月收集一次数据，调查发现，超过 90%的人认为稳定长久的婚姻在生活中非常重要，不管他们在实际生活中是否幸福。

找到真爱

如果是在十年前写这本书，我会谈谈如何在工作场所、超市、酒吧或者通过朋友找到另一半，但现在不会这么说了。如今通过约会软件，人们足不出户就能看到上百个潜在的约会对象。进化生物学家兼性学专家贾斯汀·加西亚认为，在过去的 400 万年中，异性交配发生了两次重大转变。第一次发生在农业革命期间，人类开始定居，婚姻作为一种社会契约出现。而第二次就是现在，随着互联网的兴起，约会和交配方式发生了本质上的转变。

从表面上看，拥有这么多潜在的约会对象听起来让人兴奋，但现实往往令人失望。社交网站可能会让人们患得患失。面对这么多选择，人们想要找出最好的，不然就觉得自己浪费了机会。约会变得像购物一样。约会网站上的约会对象就像商品，我们挑选最想要的添加到约会购物车里。但是面对这么多选择，光填满购物车是不够的，还需要挑出最好的商品。新面孔层出不穷，发型更好看、腹肌更明显、身材更性感，这些都让购物车里的旧商品黯然失色。当更好或更新鲜的商品出现时，旧商品就被轻松删掉，于是购物永不停歇。

在许多经济学家仍然在"选择"上大做文章时，心理学家表示，过多的选项会增加心理负担。巴里·施瓦茨巧妙地阐明了这一点，他提出了"选择的悖论"，即在人们做出决定之前和之后的很长一段时间里，越多的选择让人感到越糟糕，因为人们会为自己的选择感到痛苦。[1]因此，有很多约会备选对象的结果之一是，与所有其他选项相比，你会觉得任何一个选择都是错的（其他决定也是一样）。而谈到爱情，这赌注是极高的。你可能打算在某一时刻安定下来，但这一时刻可能永远不会到来。

这对我们的幸福无益。在一项与爱情无关的研究中，哈佛大学的学生在摄影课上拿到了12张照片，他们可以从中挑选出最好的两张，并且可以留下其中一张。[2]第一组可以随时改变自己的选择，第二组则不可以。2/3的学生选择去第一组，但结果表明，第二组的学生对他们的选择感到更加满意。

那么，这么多的选择对那些寻求爱情的人来说意味着什么呢？对于害羞又笨拙的人、忙碌的都市人或者单身父亲、单身母亲来说，他们没有太多时间去酒吧和夜店，网络可以促成他们与心仪对象在现实生活中相遇，否则他们可能永远都不会认识彼此。通过约会软件，人们能以前所未有的方式来调整自己的偏好。用户可以按照年龄、职业和生育意愿筛选约会对象。好消息是，研究表明，线上发展而来的关系有时比线下见面发展而来的关系更牢固（至少离婚的可能性更低）。[3]

因此，如今现代化的恋爱对于本来很难找到伴侣的人来说是件好事，因为像我这样的人在以前就不得不在酒吧里厚着脸皮与一位女士搭讪，然后在大众面前接受被拒绝的羞辱。问题是，即使安定下来，许多人还是会考虑新的选择。对超过1.7万名Tinder（约会软件）用户的访谈显示，其中2/5的用户已经处于恋爱中。像大多数约会软件一样，Tinder巧妙地设置了奖励模式，每次匹配成功时，用户都会受到多巴胺的刺激。Tinder用户平均每天登录11次。即使处于恋爱关系中，新鲜感带来的多巴胺刺激也总会使人想要开始一段新的恋情。[4]

爱是什么

社会叙事告诉我们，一旦我们找到了另一半（无论是否得益于互联网），对方都应该倾其所有，不论是在性满足还是日常家务方面，而这种期望对人们可能是非常不利的。例如，相信灵魂伴侣的人（相信彼此要么是天生一对，要么就没有可能）在面对困难时往往对伴侣不那么忠诚。[5]而那些相信命运的人（通过浪漫信仰量表来衡量人们在多大程度上认同类似于"真爱只有一个"的陈述）在一段关系中往往更加焦虑，而且不太可能原谅伴侣的过错。[6]

在接下来的讨论中，需要区分以下两者。激情之爱：出现在一段关系的初期，更像是欲望，甚至让人上瘾。伴侣之爱：一旦激情之爱消退，彼此之间会形成坚定的承诺。在本书中，爱主要被视为一种生物学现象，这样能更好地解释从激情之爱到伴侣之爱的过渡。如果把爱看作社会叙事，这个自然的过程就会被忽略。回顾文学、电影和媒体中对爱情的描绘，主流叙事显然更看重激情之爱，并且总为其编造美好的结局，比如迪士尼的影片。

在一项关于爱情的生物学研究中，研究人员让美国一群处于恋爱初期的参与者接受功能性磁共振成像扫描，并向他们展示心上人的照片。[7]这种情况下的大脑活动情况跟赚大钱和吸食可卡因时的脑部活动情况相似。实际上还有不少"扫描爱情"的研究。一项研究表明，与看有同等吸引力的熟人照片相比，人们在想象一个充满激情之爱的人时能更好地承受痛苦。[8]有解释说这是因为伴侣与奖励的关联减少了疼痛的体验。

激情之爱包含性欲、吸引力和依恋等，这些都促使两个异性恋在一起并达到生育目的。因此，本章的重点主要是男女之间的恋爱。激情之爱与认知、情感和行为的变化有关。[9]在大多数情况下，这些变化与现有活动、日常生活和社交关系的变化是一致的，这样才能将个人注意力和行为与某一新伴侣联系起来。如果激情之爱得到回报，那么对它造成的破坏就有话要说了。激情之爱的体验与个人成长和个人动机有关。人内心的恐惧和不安会刺激自己去新鲜的环境尝试新鲜的事物。

但激情之爱也可能使人进入极度的低潮，这不可预知，所以人们会感到痛苦。爱会导致对另一半产生侵入性想法，这会带来糟糕的体验，比如焦虑、羞怯和失眠。[10] 恋爱中的双方总是不平衡的（一方比另一方更投入），对另一半的依赖程度也不一样，两者都会表现为占有欲、怨恨和嫉妒。

所有这一切确实破坏了"爱情是完全幸福的"这一社会观念。可卡因在心理和生理上也能带来很多跟爱情一样的效果，但我们不像喜欢爱情一样喜欢它，尽管它对大脑以及许多后续行为的影响跟爱情非常相似。爱就像药，和许多成瘾药物一样，既有一定的好处，也有非常严重的副作用。

在与伴侣保持正常联系的情况下，激情之爱只能持续一到两年。意大利研究人员对比恋爱 6 个月以内的人和单身或恋爱三年以上的人，发现两者血液中的激素水平存在明显差异（例如皮质醇水平升高与压力有关）。[11] 如果一段恋爱维持了几年，那么伴侣之爱就会生根发芽，成为两人之间的紧密联系，此时激情之爱将不再是驱动力。大脑成像研究也表明，随着恋爱时间的增加，大脑中有关情绪的特定区域活动会减少，这证实了激情之爱消退的必然趋势。[12]

从生物学上讲，只有伴侣之爱才能长久持续，因此，在性取向、性别、文化和关系类型中，激情之爱和伴侣之爱的区别引起了共鸣。事实上，长久的激情之爱会产生破坏性，爱情初始阶段的生理反应会扰乱人正常的生活节奏。[13] 激情之爱的唤醒会降低认知和自控能力，使人们难以专注于重要的事。

结婚后，大多数夫妻会从激情之爱转变为伴侣之爱。但是童话中"从此过上幸福美满的生活"的叙事会持续让人抱有不切实际的期待，幻想着童话故事里的爱情而忽略现实。关于婚姻的社会叙事的问题在于，它既强调激情之爱，又看重伴侣之爱。社会叙事告诉人们要凭激情之爱结婚，而且要永恒。

一想到关于爱情的叙事，大多数人都会面露笑意，而且感觉良好，但不少人的爱情体验却相反。这种理想和现实的脱节会导致人们以爱的名义做出糟糕的事情，例如，"我嫉妒是因为我爱你"。其实根本不是，你嫉妒纯粹是因为你就是那样的人，跟对方没关系。虽然确实有些人故意让伴侣心生嫉妒，但归根结底还是伴侣自身的问题。

社交媒体在这方面并没有帮上什么忙。研究表明，处于恋爱关系中的女性比男性更倾向于在脸书上表达自己的感情，而且女性比男性更认同在网上公开表达爱意是合适的。[14] 在脸书上表达爱意算是一种爱和承诺的体现，也可以是一种警告其他人的战术和控制方式。该说法并非空穴来风，有研究发现，使用社交媒体促进恋爱关系的人的自尊心要比那些不使用的人更弱。[15] 虽然这些人表示使用脸书更多是为了自我表达而不是宣誓主权，但大多数人对自己行为背后的真正动机其实一无所知。

爱给了人们一个继续维持关系的借口，即便这段关系带来了伤害。这就解释了为什么人们总是觉得"我还是很爱他"，不肯放弃。在法庭上，爱经常被家暴者拿来为自己辩护，希望得到法官的谅解，有时这确实是奏效的。犯罪学家和家庭凶杀案专家简·蒙克顿 – 史密斯分析了 72 起案件，其中对过失杀人的定罪因一些辩护理由而减轻，例如犯人说他们有多么爱受害者。[16] 最近最臭名昭著的案件也许是 O. J. 辛普森的妻子妮可·布朗（以及罗恩·戈德曼，在错误的时间出现在了错误的地点）遇害一案。家暴是她被谋杀的前兆，辛普森说他爱妮可，但妮可把他逼疯了。他谈到自己的罪行时说："即使我杀了她，也一定是因为我非常爱她，对吧？"这句话里的"爱"没有任何值得称赞的地方。

因此，我们定义爱和体验爱的方式对我们的行事和感受有重大影响。人们常常说"宁愿爱过再失去，也不愿从未爱过"，这说明令人心碎的爱比没有人爱更好（尽管丁尼生诗中的这一句实际上是写给一位离世的好友的）。人们可怜从未爱过的人。

爱，至死方休

一旦找到了对的人并爱上了对方，两人就应该结婚。人们热衷于炫耀婚礼，以至于这已经成了社交媒体的主流内容之一。能够在朋友圈和社交媒体上分享婚礼，在一定程度上导致了过去几十年来婚礼成本不断增加。过去，婚礼嘉宾只能在现场见证、羡慕和谈论婚礼，而如今婚礼可以被分享到脸书和照片墙等网站，让更多人参与其中。将豪华精致的婚礼广泛分享到社交媒体，会让其他人觉得你既有经济实力又有幸福爱情。

4. 婚姻

但是这可能会浪费很多钱，不仅仅是因为婚姻对幸福没有太大作用。研究发现，结婚的花费越多，离婚的可能性就越大。如果以10 000美元的婚礼花费作为参考价值，那么花费超过20 000美元后离婚的可能性就增大一倍；花费不到1 000美元的婚礼，离婚的可能性则减少一半。[17] 所以下次你看到婚礼现场无数的玫瑰和气球时，别急着羡慕，先问问自己他们为什么要用这种方式来公开显示他们的爱。

除了在重要日子里付出代价、感受欢乐之外，婚姻真的让人幸福吗？德国社会经济研究组的数据显示，婚礼前后一年里的生活满意度最高，双方都很幸福。[18] 但好景不长，越来越多的夫妻开始对婚姻不满意，最终对婚姻满意和不满意的比例基本持平。不同的研究表明了不同的长期影响，但共同点是婚姻对生活满意度的积极影响虽小，但却很显著。已婚人士和单身人士在生活满意度报告中的一些差异可能是由相反的因果关系造成的，换句话说，研究表明对生活更满意的人更有可能先结婚。[19]

大多数关于婚姻的研究都将生活满意度报告或全球幸福评估作为衡量幸福的指标，并没有基于个人主观体验。但这就出现了问题，因为人们在社会叙事的影响下渴望婚姻，所以周围社会对你的婚姻会有一个普遍的积极评价，无论你跟伴侣的实际关系到底如何。即使婚姻暂时带来了真实具体的好处，也可能完全是由于社会叙事的影响。同样，单身人群也会因为社会叙事中对单身的不齿而感到不幸福。因此，在衡量幸福感时需要更看重个人主观体验，包括生活意义感，以及一些不容易受叙事影响的客观因素，比如个人健康等。

如图 8 所示，婚姻与幸福没有显著关系。美国人时间利用情况调查对样本进行了分析，其中 33% 未婚、50% 已婚、5% 丧偶、10% 离婚、2% 分居。访谈时，已婚人士的配偶是否在场也被记录了下来。

不同群体的幸福感报告显示，已婚人士并没有比未婚人士更幸福，配偶在场的已婚人士除外，因为在配偶面前，人更倾向于说自己很幸福。也有可能只是配偶的陪伴让他们心情更好，在回忆的时候更容易想到好的方面。（我认为是第一个原因。）

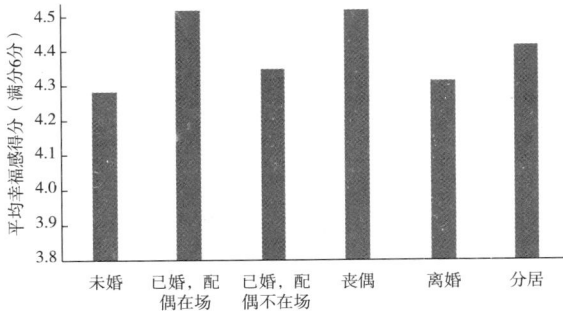

图 8　幸福感与婚姻的关系

配偶在场的已婚人士比离婚人士更幸福，然而配偶不在场的已婚人士和离婚人士之间的幸福感没有差别。事实上，当配偶不在场时，已婚人士的幸福感与任何其他群体相比都没有显著差异。所以人们到底有没有自欺欺人地认为婚姻让人更幸福呢？至少我们跟自己的伴侣是这么说的。

4. 婚姻

各组的平均意义感得分如图9所示。可以看到，未婚群体的生活意义感最低，而且与其他组差异显著，其他各组彼此之间的差别却不明显。样本中的大多数已婚人士结婚都已超过两年，这表明伴侣之爱实际上可以让人感觉有意义、有价值、有动力并且生活充实，即使它并没有提升幸福感。

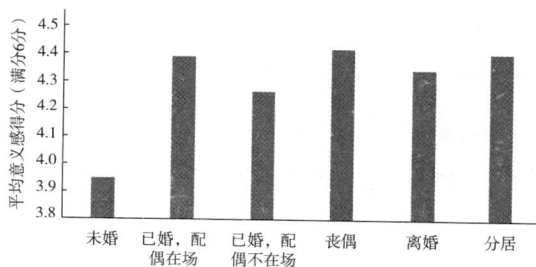

图9　意义感与婚姻的关系

各组的平均痛苦感得分如图10所示。未婚的人比离婚或分居的人的痛苦程度更低。看来，要么就别爱，要么爱了就别分开。对已婚人士而言，配偶在场时表现出来的痛苦程度更低，这再次说明在面对伴侣的压力下，人们会往好的方面说。

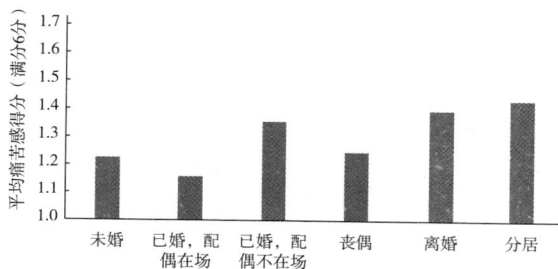

图10　痛苦感与婚姻的关系

当然也有一些群体在研究中没有被考虑到。例如长期同居但还没结婚的人、未婚但正在约会或正在经历分手的人。我们需要更多这样的数据以及关于人们日常生活经历的数据来发现不同婚姻关系群体的特点。

除了带来幸福之外，婚姻还有其他好的方面。总体而言，已婚人士（以及部分同居情侣）比单身人士更富有、更健康，[20] 因为夫妻会互相支持并鼓励对方升职加薪，并且关心对方的健康。[21] 此外，伴侣还是坏情绪的缓冲器，陪伴并支持另一半度过艰难时期。

婚姻对男性健康的影响大于女性。因为男性婚后会安定得多，而且不再轻易拿健康冒险。只要这对他们有好处，他们就可以从婚姻中受益。相比之下，婚姻对女性的健康似乎反而有负面影响。中年已婚女性的身心健康风险高于单身女性。此外，如果婚姻不顺利，女性受到的负面影响将比男性更大。如果婚姻是一场赌博，那么男性说"我愿意"的收益可能更高，损失更小。[22] 正如斯嘉丽在《乱世佳人》中说："结婚好玩？胡说！你的意思是说对男人来说好玩吧。"

那女性为什么要结婚呢？如果丈夫收入很高，结婚还能减税，那么这么做确实可以带来一些经济利益。我建议女人结婚后要有自己的床。使用多导睡眠图或体动记录仪等科学方法测量夫妻的睡眠质量，研究发现夫妻分开睡时睡眠质量更好，尤其是女性。[23] 这是男人需要女人胜过女人需要男人的一个例子。睡眠对日常情绪起到决定性作用，比工资和性生活还关键，如果夫妻不再觉得分开睡是一件坏事或者很愚蠢（近期才被证实），他们肯定会更幸福。[24] 睡觉是老天爷的安排，但他好像没有安排必须有个人陪着你睡吧？当然，这并不是让你每晚都一个人睡。

当爱情走上离婚法庭

遇到了一个对的人，然后坠入爱河，接着结婚并过上一段时间的幸福生活，现在却想要逃离……根据英国国家统计局的最新数据，英国的离婚率高达40%。[25] 在正式离婚之前，夫妻通常会分开一段时间，在此期间，人们的生活满意度最低、痛苦程度最高。未来是否会复合？离婚后到底会不会更好？这些不确定和纠结会让人度过一段十分痛苦的日子。然而，过了这个阶段，你就会开始思考并规划未来。因此，签了离婚协议之后会感到幸福一些也就不足为奇了，这种幸福感会持续增加，直到你完全进入单身状态或者遇到下一任（你总会觉得比上一任好）。

我们并没有预见这些，想象着在离婚后很长一段时间内会很痛苦。[26] 许多人也害怕单身。研究表明，如果觉得自己已经错过了寻找真爱的年龄，那就更有可能在一段不满意的关系中产生更大的依赖。[27] 尽管不知道这些人脱离这段不满意的关系会不会更幸福，但我觉得，如果婚姻的叙事不再步步紧逼，他们在进入单身状态或者找到新伴侣之后肯定会感到更加幸福。

但可别低估了婚姻和婚床的叙事魔力，它可是始于小时候"英俊王子救公主"的童话故事。美国国家卫生统计中心的调查表明，目前美国有 4/5 的离婚由女性提出，[28] 因为叙事会促使她们结婚，但一旦进了"围城"，她们就会看到背后的真相，想要逃出去。但是同样的性别模式在男女本来就不打算走下去的同居关系中并不适用。[29] 现有婚姻制度下的女性比男性更想逃避，这说明制度出了问题。

有趣的是，女性受到离婚的影响还不算最糟，因为离婚后男性自杀的可能性是女性的十倍。[30] 女性在离婚后承受能力更强可能是因为她们比男性拥有更多的朋友，也更愿意向他人倾诉自己的情绪。但也有可能是因为离婚往往是女性主动提出来的。关于适应能力的心理学文献表明，对负面事件把控得越好，就能越从容地应对离婚。[31]

离婚会对孩子造成伤害吗？是的，在某种程度上会。弗吉尼亚大学的研究人员发现，父母离异的孩子在短期内会经历负面情绪，如焦虑、惊吓和愤怒。然而，对绝大多数孩子来说，这些情绪在几年之后就会消失。[32] 社会学家保罗·阿马托还比较了处于不同年龄段的离异和未离异家庭中的孩子，追踪他们进入青春期，研究离婚对儿童的长期影响。[33] 他比较了孩子们的学习成绩、情绪、行为、犯罪率和自我概念，发现两组之间的差异很小。如果孩子出生在父母经常吵架的家庭里，那么父母离婚比不离婚更能让孩子幸福。所以，在单亲家庭里长大，要好过在父母天天吵架的家庭里成长。

孩子的自身特点和应对态度决定了离婚对他们会造成多大的影响。[34] 乐观随和的孩子受到的影响会小一些，积极寻求社会支持的效果也比分散注意力更好。但是，父母离婚后如何相处、如何照顾自己、如何谈论离婚可能对孩子的发展影响更大。无论父母是否在一起，共同抚养、减少冲突和保持良好的心态是孩子健康成长的关键因素，所以这些因素才是一段关系中更重要的。[35] 如果父母将离婚看成是一种解放而非生活的瑕疵，那么就能帮助孩子更好地面对。

当夫妻关系出现问题时，父母就应该为了孩子的幸福而分开，如果为了孩子而坚持在一起反而会对孩子造成更大的伤害。我们也许应该庆祝离婚，就像庆祝结婚一样。

可怜的单身族

也许对于单身族，我们应该用"躲过一劫"来形容。尽管童话故事里的浪漫在现实中已被打破，但"结婚万岁"的社会叙事仍然无处不在。以色列的一项研究要求参与者查看已婚和单身人士的履历，然后让他们对这些人的 33 种特质进行评估。[36] 是的，你猜对了——已婚人士在与幸福相关的特征方面得分更高（例如热爱生活），而单身人士在抑郁、孤独和害羞等特质上得分更高。无论单身人士在传记中被描述得如何伟大、有过何种成就，人们都坚持认为他们的幸福一定被放大了。

研究中特别有趣的是，单身人士是否自愿选择单身也有所区别。自愿选择单身的人在积极特质上的得分更低，尽管他们过着自己喜欢的生活。似乎选择单身是对我们集体道德的极大侮辱，而不是为了遵循自己的内心。这简直是一种挑衅。

最令人不安的是，非单身和单身的人都会认为婚姻是好事。换句话说，即使单身人士因为关于婚姻的社会叙事而背上了许多刻板的印象，但他们仍支持婚姻。这可能是因为只有4%的单身人士意识到自己正在遭受到歧视。[37]这是特定社会叙事的另一种歪曲。

单身族在职场中也会受到歧视。已婚员工通常会被首先安排好假期，也是最后一批被要求搬迁办公室的人。雇主一般会觉得单身员工比已婚员工更富裕，并期望他们比已婚员工投入更多的时间和精力。因此，单身员工即便更加努力工作，也不会得到回报，因为老板觉得他们没有重要的家庭责任和负担，所以即便如此也不会有太大影响。

在职场之外，歧视也仍然存在。保险、酒店、健身房、银行和抵押贷款针对夫妻有多种套餐和优惠，而针对单身人士却没有这么贴心。婚姻免税额等法律条款允许已婚夫妇向其配偶转移1 200英镑的个人免税额，单身人士又受到了进一步的歧视。（因此，夫妻每年至多能比单身人士少交240英镑税款。）

社会通过婚姻来提倡忠诚可能是为了捍卫政府、政治框架和宗教等权力结构。权力结构代表了行为准则和社会规范，让生活有据可依、有迹可循。如引言中所述，权力结构受到的威胁被心理学家称为"系统威胁"，它可能会让我们感到不安，并采取行动捍卫我们认为对自己有利的系统。[38]

在加拿大的一项实验[39]中，一半的参与者被要求阅读一篇关于

4. 婚姻

加拿大与其他国家相比在经济、政治和社会方面所遭受的苦难的评论，目的是激活系统威胁。另一半参与者作为对照组什么也没做。然后让所有参与者评价一项提议：建议让单身人士享受跟已婚人士相同的福利。研究人员分析了参与者对该提议的批评程度，他们发现，与对照组中的男性相比，"威胁组"的男性会更倾向于为已婚人士辩护。

这表明突出系统的一部分缺陷会促使男性维护系统的其他部分，他们会想："好吧，我们的国家被疯子管理着，我们的国际关系也很糟糕，但至少婚姻仍然存在，这是我们唯一可以支持的了。"但是同样的结果并不适用于女性。一般来说，男性从现有的权力结构和制度中比女性获得更多的既得利益（这就是性别不平等的本质），因此当男性觉得受到威胁时，他们会更加强烈地捍卫这些制度，包括婚姻。

相比之下，女性比男性更看重自己在一段关系中的身份，婚姻恰好为她们提供了积极的身份。[40] 美国的一项研究让参与者填写性格测试问卷，然后告诉他们伪造的性格测试结果，目的是让他们对自己的婚姻关系感到放心或不安。问卷结束后，参与者会得到个人社会关系能力的得分。其中一半被告知他们一生的婚姻都会很幸福，会有很多积极的体验（无威胁组），另一半被告知他们的婚姻很可能会失败，并有负面体验（威胁组）。结果发现，威胁组竟然比无威胁组更加支持彼此忠诚的理想关系。这很讽刺，婚姻忠诚的社会叙事竟然由婚姻不稳定的人坚守着。

总而言之，我们需要重新看待单身群体，尤其是与已婚群体相比。单身人士更有可能建立令人满足的社会关系，而已婚人士可选择的社交网络则较少，例如配偶的家庭成员。[41] 单身人士也更有可能参与社交活动和志愿活动。[42] 相比之下，即使没有孩子作为借口，已婚和同居的人与社会的接触也相对减少了。纵向分析这些数据可以发现，结婚的人比不结婚的人更容易失去现有的社会联系。贝拉·德保罗对 815 项关于单身人士的研究报告进行了分析，发现单身人士比已婚人士有更多的社交，后者似乎变得逐渐脱离社会。[43] 这并不是说社交网络越广越好，只是想表明关于婚姻的叙事可能忽略了单身的一些重要好处。

小　结

谈到关于爱情和婚姻的社会叙事时，人们总是有意地过于乐观。对于任何一段关系，走向终结都比走向美满更有可能。[44] 我们必须接受这些可能。人们希望激情之爱给人带来的都是幸福快乐（事实上这可能非常有害，像其他的强迫行为一样），希望它能够永恒（但对大部分人来说，热恋通常只能持续一年），还希望配偶能满足我们所有的需求（没有人能做到）。那么真的像著名心理治疗师埃斯特·佩雷尔说的那样："这么多关系在重压下都崩溃了，有什么奇怪的吗？"[45]

当一段关系，特别是长期关系结束时，经常会听到别人说："太可惜了""简直太浪费时间了"。但是，如果在这段关系中大部分时间

4. 婚姻

都很开心，那又怎么会是遗憾或浪费呢？从长远来看，分手对双方来说都是最好的选择。有多少人会觉得现在的伴侣比前任更糟糕呢？人会适应环境，所以会不断进步。因此，"若有怀疑，不如分离"。不要一直被叙事蒙在鼓里，以至于错过分开的最佳时间。从中走出来所需的时间会比你想象中的更少，并且你可能会找到一个让你更幸福、更适合的人。

与许多其他叙事一样，不遵从这种叙事会使人难堪，于是人人都害怕单身。在我主持的《不聚则散》中，8 对夫妇在环境优美的度假村里接受对彼此之间关系的考验。16 名参与者中有 15 名都是 20 多岁（除了 32 岁的史蒂夫）。大部分镜头都在关注 22 岁的霍莉和 26 岁的卡尔，观察他们维持了四年的关系最终是会继续还是结束。他们都既有趣又有吸引力，即便分手也可以像单身人士一样度过美好的时光，或者在未来遇到更好的人。因此，外界对他们幸福生活的期待将他们紧紧绑在一起，分手的后果也在观众们的注视下被严重放大了。

我在本章中提到的研究和证据都说明，单身并不是可耻的事，它甚至是值得庆祝的。单身意味着有更多时间投入有意义的社会公益活动，也能将更多钱捐给慈善机构。"一刀切"的婚姻叙事忽略了人与人之间的差异，也忽略了不同的人在感情中的不同需求。关于爱和婚姻应该有的样子，社会中的规范和教条越少，人们反而能过得越好。

决策者可以着手改变这种爱与婚姻的叙事陷阱。父母在讲童话故事时要小心避开叙事陷阱，告诉孩子爱情并不意味着永远幸福的生活。这样至少让人更容易接受一段不完美的婚姻，所需要的心理、经济和健康方面的支持也会相应地减少。学校也可以为此献出一份力，告诉青少年爱情的基本事实：激情之爱的消退也许是一个好的开始。这将帮助年轻人透过社会叙事的迷雾，做出更明智的选择。公司有责任确保，无论个人情况如何，每位员工都有权享受弹性工作制。

法律制度也需要重新思考结婚和离婚，以及受这两者影响的儿童的福利。从自由主义和平等主义的立场出发，国家有十分合理的理由停止鼓励婚姻（例如取消仅针对已婚人士的减税优惠）。然而，国家可以允许两个或更多个人之间以不同的关系结成契约，让人们可以自由决定最适合其独特关系的权利和责任。在家庭事务中，真正需要国家关注并干预的应该是父母与子女的关系。这样，政府就可以不用操心夫妻关系这类琐事，而是专注于真正重要的事情——加强亲子关系，造福儿童。[46]

离婚法应该将重点由责任归属转向保障儿童权益。当情感出现裂痕时，一方或双方需要为可能发生的情感破裂负责，也需要为自己的过错负责。但也可能只是因为两人不适合，需要迅速结束，然后开始下一段感情。最终分手或离婚，并不代表任何一方有错。

奇怪的是，从幸福的角度来看，如果你想在美国或英国快速离婚，唯一的途径就是指责你的配偶不忠或有其他不合理行为。找对方的毛病、推卸责任就能加速离婚进程，即便你不觉得那是离婚的原因。这当然只是为了强化社会叙事：离婚，更确切地说是婚姻的终结，过程应该是痛苦、羞耻的，因此要极力避免。如果你不想背负任何责备，并签署无过错离婚协议，那么你和你的配偶必须至少先分居两年。两

4. 婚姻

年过后，必须双方签字才能离婚。如果任何一方未能做到，那么第三方将介入，离婚程序就会变得旷日持久。一年无过错离婚协议也许是更好的办法。

当爱情结束时，我们应该设法减轻双方在幸福上受到的打击。美国的研究发现，相比冲突和对抗的方式，通过调解达成监护协议时，夫妻之间的冲突较少，沟通和合作更多，男方的参与度更高。因此政府可以向夫妻强调有效沟通的重要性并提供支持，以确保监护谈判顺利进行。接下来谈谈可能将人们从离婚法庭中拯救出来的制度 —— 一夫一妻制。

5 一夫一妻

在讨论之前，请先回答以下两个问题并记下答案，我们会在第二部分末尾再回顾。

请在 A 和 B 中选择你更愿意过的生活：

  A：你处于一夫一妻制关系中，经常感到痛苦。

B：你处于双方都同意的非一夫一妻制关系中，很少感到痛苦。

请在 A 和 B 中为你的朋友选择一种生活：

  A：你的朋友处于一夫一妻制关系中，经常感到痛苦。

B：你的朋友处于双方都同意的非一夫一妻制关系中，很少感到痛苦。

一旦结婚，人们就必须打消关于婚外性行为的念头。虽然目前人们对婚前性行为的态度有所放松，但在过去几十年中，英国和美国对一夫一妻制的态度并没有太大变化。[1]根据 2013 年英国全国性态度和生活方式调查（一项关于性行为的大规模调查），大约70%的女性和63%的男性认为"在任何情况下，对伴侣不忠都是错的"，[2] 该比例在1990年为53%（女性）和45%（男性）。皮尤研究中心进行的一项研究表明，美国人对不忠的容忍度甚至更低，84%的人认为"外遇是违背道德的"，而在英国该比例为76%。[3] 法国、德国、意大利和西班牙对不忠行为最宽容，东欧国家似乎也比较宽容，而伊斯兰国家对不忠行为的容忍度最低。[4]

一夫一妻制确实是一种可行的生活方式，但不应该是人们唯一想要的选择。不忠被认为有错是因为大部分人觉得它本质上是不道德的，与结果无关。这当然也是一种社会叙事，长期以来毋庸置疑，而且它是唯一在《十诫》中出现过两次的罪："毋行邪淫"和"毋愿他人妻"。所有宗教都以自己的方式来谴责婚外恋，并且大多数或明或暗地对女性的谴责更严厉。

我结婚了，不约

当与伴侣成为一家人，像兄弟姐妹一样彼此熟悉时，对方的性吸引力就会下降。六年之后，彼此就不会像在一起六个月时那么迷恋对方了。然而社会叙事却告诉我们，对伴侣的性欲望应该有增无减。在赛思·斯蒂芬斯-达维多维茨的著作《人人都在说谎》中，他分析了美国的谷歌搜索数据后发现，"无性婚姻"的搜索频率是"不幸福的婚姻"的3.5倍，是"无爱婚姻"的8倍。[5]

叙事改变人生

　　除了谷歌搜索数据，其他数据也反映了社会叙事给人带来的偏见。比如，即便在回答"多久发生一次性行为"这种直截了当的问题时，人们还是会受到干扰，担心不符合社会叙事的标准。问卷调查显示，男性的性生活频率高于女性，人们的日常闲聊也体现了这一点。[6]然而，当宣称要在访谈调查中使用测谎仪时，男女之间的许多差异就消失了，[7]因为女性的实际性生活频率往往比自己说的要高。当保持诚实比遵循社会叙事更加重要时，女性就会放弃遵循"女性的性欲比男性的低"的叙事，说出真实的情况。

　　考虑到数据的真实性，我们知道夫妻声称的性行为频率不会受整体生活满意度影响，但会受对伴侣的满意程度影响。[8]似乎生活满意度和性生活频率呈倒 U 形关系，性生活频率为一周一次时的生活满意度最高，比该频率低或高都会导致生活满意度下降。如果伴侣双方的性欲程度比较相似，那么可能就不会有太大问题，但目前还没有研究能证明这一点。

　　夫妻性生活频率确实与他们对彼此的本能反应有关。[9]性生活每周两次及以上的人在看到自己伴侣的照片时，更倾向于说正面话语，负面话语则较少；对于性生活每周一次及以下的人来说，情况正好相反。这种积极的相互联系也促进了满足感。美国的一项研究证实了这一点，参与研究的夫妻需要在六个月内每三天看一组自己伴侣的照片，照片会与积极或中性的内容联系起来，比如"精彩""稻草"这样的单词和"日落""水桶"这样的图像。相较接受中性内容的夫妻而言，接受积极内容的夫妻对婚姻满意度有所提高，性生活变得更频繁，也更享受其中。

关于性的社会叙事主要想说的是：男性总是欲求不满，而且总想更加享受性生活。然而，我们基于日常幸福感报告对 600 名德国人进行了分析，结果对"享受"有了新的认识：男性在性生活中的愉悦感比女性低。按照幸福研究的标准，这是很大的差异——男性在性生活中的愉悦感得分比女性低了 0.6 分（满分 6 分）。

在长期关系中，女性比男性更可能也会更快失去"性"趣，[10] 但原因却不清楚。也许女性对性的激情与新鲜感关系更密切，女性也更倾向于将性与强烈的情感联系起来，所以当激情之爱退却之后，"性"趣也会消退。不管有何种解释，我们都不应该陷入另一个陷阱：女性结婚时间越长或年龄越大，就会越快失去"性"趣。其实只是对身边这个熟悉的男人减弱了"性"趣。

目前还很难清楚地知道性对幸福感的影响，因为比较幸福的夫妻可能本来就是很幸福的人，而不是性让他们更幸福了。为了找到两者之间的关系，美国的一项研究将 100 对异性恋伴侣随机分配到两组中，第一组被要求在接下来的 90 天内性生活频率加倍，第二组则没有给予任何改变性生活频率的指令。结果第一组参与者的幸福感有所下降，而且对性也没那么享受了。[11] 为了完成任务而做事情（哪怕是有趣的），便失去了乐趣。

天性里的不忠

进化生物学家认为，由短暂的激情之爱激发出来的多边性行为，在后来的进化中为了避免乱伦和近亲繁殖而逐渐减少。[12] 这有助于降低婴儿死亡和先天缺陷的风险。大约 3% 的哺乳动物也遵循人类社会中的一夫一妻制，但通常没那么严格，动物会找一些额外的乐趣。[13] 在严格的一夫一妻制中，动物只会与一个配偶交配，这在一些物种中是默认的，如夜猴，它们每年会在雌性夜猴繁殖力最强的时候交配一次。

众所周知，对婚姻不忠的确凿证据很难找到，但人们都知道不忠是普遍存在的。最近的一些研究表明，英国至少有 1/3 的男性和 1/4 的女性发生过至少一次出轨行为。在美国，过去的几十年中，承认有不忠行为的男性人数比例一直保持在 25% 左右，女性约为 15%。[14] 我认为实际比例可能更高。

有无数关于男女性态度和性行为之间差异的叙事，那是否有确凿的证据呢？英国广播公司分析了超过 20 万人参与的线上大型数据库，研究了 53 个国家的不同性欲特征。[15] 调查发现，在大部分国家，女性的性欲通常都比男性多变，这种性别差异在各国是一致的，这表明女性的性欲受不同文化的影响较小，它是女性本身的生理特征表现。同一研究发现，女性对性的开放程度（在学术上被称

5. 一夫一妻

为"社会性性行为")比男性更大。然而，与性欲不同，对性的开放程度可以由性别平等观念和经济发展等社会环境因素来预测。

与男性相比，女性对性的态度变化很大，这在某种程度上解释了为什么性欲强的女性经常被性欲弱的女性和缺乏安全感、控制欲强的男性谴责。社会阶层似乎也会对此产生影响。比如，中产阶级女性会贬低工人阶级女性，以维护自身的经济和社会优势。[16]

牛津大学的研究人员通过分析两个独立的数据库，发现了一些令人振奋的新证据，如果把不忠和一夫一妻制看作一个区间的两端，那么男性和女性在其中并不是正态分布，而是双峰分布。[17] 也就是说，发生不忠行为和坚持一夫一妻制对于男性和女性来说都有可能。其中一个数据库包含 600 名英国人和美国人的社会性性行为问卷调查数据，测量人们在缺少深刻感情联结时与他人发生性关系的倾向。另一个数据库包含 1 300 名英国人食指和无名指的长度信息，两者长度之比被称为 2D∶4D 比值。它反映了产前子宫内睾酮浓度，这与未来性生活有一定关系。2D∶4D 比值越低（食指相较于无名指越短），产前睾酮浓度越高，性生活可能会更混乱。

为了确定男性和女性自称的和实际的性行为倾向是否一致，研究人员对这两种数据进行了测试，他们将男女分为两组。虽然 2D∶4D 比值存在性别差异，但并没有人们想象的那么大。结果发现，男性更倾向于丰富的性生活而非一夫一妻制，选择前者和后者的人数之比为 57∶43，女性中该比例为 47∶53，跟男性的差别并不大。简单来说，这说明男性更倾向于成为浪子而非父亲，女性更倾向于成为母亲而非情人。

男性中选择成为浪子比选择成为父亲的人数多可能不会让人惊讶，但是女性中选择成为情人的比例这么高就让人有点儿吃惊。一直以来，社会叙事都告诉我们：男人喜欢撒播情种，而女人更安分守己。2000年英国全国性态度和生活方式调查显示，男性和女性之间的差异为6%，这并不显著，特别是考虑到女性往往没有报告真实的性生活情况。[18]

这当然不是因为人们对女性的不忠更加苛刻。人们对男性的不忠会大声批评，但是对女性的不忠会严厉谴责，尤其是在有孩子的情况下。一直以来，男性在很多方面都在努力贬低女性的性欲。因此，我猜摆脱一夫一妻制的叙事将减少大部分女性的痛苦。她们肯定能因此更加自由地做自己而不受社会批判，并且彻底抛弃"男人享受，女人忍受"的过时性别观念。

但这样做也可能导致一个问题：男人很难确定他抚养的孩子是不是自己的。伴侣不忠的可能性越大，这种不确定性就越强。抚养孩子成长需要耗费大量的资源，而父亲希望自己辛苦换来的资源能够用到跟自己有血缘关系的后代身上。因此，男性压抑女性的性欲也是有道理的。一夫一妻制对男性也有好处。在一夫一妻制的约束下，他们能更好地将注意力投入到挣钱、养家和提高生活质量上，因为他们不用担心孩子不是自己的。[19]一夫一妻制还可以减少男性对年轻女性的激烈竞争，从而减少男性的攻击性和性病的传播。但我的观点还是一样，人们在生活方式上可以有不同的选择，世界也不会因为不同的选择而轰然崩塌。

而且，性取向可能是多变的，尤其是对女性来说。相比异性恋的男性，异性恋的女性更容易被同性行为激发出性欲。[20] 男性在观看符合自己性取向的性行为时会产生性唤起（异性恋男性观看女性，同性恋男性观看男性），而异性恋女性除了看男性自慰会产生性唤起之外，看女性也会。[21] 只有 1/3 的女同性恋参与者在研究期间只与女性发生了性行为。

渴望出轨

除了生理上的原因外，出轨的动机还有什么？有外遇的人经常会感到愧疚，但也会觉得自己被需要，自尊心会增强，感觉重获新生，还会获得性满足感。[22] 然而，婚姻中的苦难也可以成为婚外情的催化剂。一些研究表明，婚姻满意度与不忠行为之间存在明显的负相关关系，[23] 而且女性的不忠行为受其影响更大，有外遇的女性对婚姻的满意度明显低于有外遇的男性。总体而言，不忠行为有 1/4 的原因是对婚姻不满。

与所有行为一样，有些人会倾向于尝试新事物（追求新鲜和刺激），有些人会远离旧事物（因为婚姻中缺少些什么）。而男女在这两种行为上有一定差别，男性更倾向于"尝试"，女性则偏向于"远离"。[24] 男性有外遇可能是由于更喜欢寻求刺激，[25] 而女性更多则是由于对婚姻的不满意。[26] 有趣的是，研究表明，男人出轨的可能性大小与恋爱时间的长短无关，而女人处于恋爱关系中的时间越长，出轨的可能性越大。[27]

还有许多其他因素会影响出轨的倾向。与生活中的许多其他行为一样，不忠也跟机遇有关。[28] 生活在大城市的人由于匿名性增加，被抓住的可能性更低，所以更有可能有外遇。出差时出轨同事的人不一定对婚姻不满意，他们只是恰好利用了外出的机会。[29] 这种关于不忠的"机遇论"也许能解释，为什么在过去 50 年里，随着越来越多的女性进入职场，男女之间的出轨率差距越来越小。

事实证明，有钱的人更有可能出轨。[30] 收入可能是出轨的原因之一。例如，高收入群体社会地位更高，旅行机会更多，与有趣的人接触得也更多。研究还表明，有权势的人更有可能出轨。[31] 例如，有研究评估了一群处于不同权力职位的人（从初级员工到首席执行官），发现拥有更多权力的人，约会次数更多，出轨意愿也更高。从个人和职业的角度来说，高收入还使人们出轨时在酒店和餐厅上的额外花费更不容易被发现——这种花费是难以避免的。

荷兰的一项匿名在线调查显示，非管理人员中有 10% 表示自己曾有不忠行为，[32] 而高层管理人员中该比例接近 40%。该研究控制了性别、年龄和教育等变量，以排除其他重要因素对不忠行为的影响。有趣的是，他们发现偷偷摸摸的快感（打破社会惯例）在权力和不忠之间确实起到了中介作用。权力将人们从社会规范的枷锁中解放出来，从而使不忠的可能性更大。

随着科技的进步，不忠也开始进入了数字化时代。为了调查人们对线上不忠的态度（利用互联网来撩人或维持婚外恋关系），一项研究分析了美国线上不忠社会调查小组中 124 名参与者的自述，并向另外数百人询问了对在线不忠的态度。[33] 研究人员发现，人们判断某一行为是否属于出轨，主要标准就是看这个过程中是否发生了性交换，即便这种性交换是虚拟的。因此，监视伴侣的线上社交活动自然而然就成了判断出轨的常规做法。毫无疑问，如今线下和线上的不忠行为很可能都在增加。

不忠的后果

我们要知道，不同的人对不忠的定义并不相同。有些夫妻觉得不可以与其他人发生性关系，但是晚上出去玩的时候跟他人接吻是可以的。也有人在另一个极端，比如美国副总统迈克·彭斯在妻子不在场的情况下会拒绝与其他女性共进晚餐。在《不聚则散》中，参加节目的伴侣会互相交换伴侣一起过夜，在电视摄像机的监控下，有的男伴过了一个月后还坚持睡地板。

从结果主义的角度来说，担心伴侣不忠肯定是正常的，无论你怎么定义不忠。发现伴侣出轨后会受到一系列负面影响：感到愤怒、失去信任、对个人和对自己性能力的信心下降、自尊心受打击、害怕被抛弃，其他关系也会受到损害，例如，与孩子、父母和朋友的关系。[34] 虽然可能会有一小部分夫妻在经历了婚外情之后反而情况更好了（关系更加密切、更加肯定对方、意识到良好婚姻关系的重要性、更看重家庭的价值），但婚外情通常会导致负面且持续的影响。[35]

除了传播性病外，婚外情最常见的后果就是感情破裂。根据格兰特·桑顿对英国76名家庭律师的年度调查，无论是哪一方出轨，不忠都是离婚的主要原因之一，约1/5的离婚案件都由于此原因。[36]然而，有其他证据表明，出轨本身不会导致离婚，整体关系满意度、出轨的动机、出轨后的冲突程度，以及对长期出轨的态度在离婚时起着重要的作用。[37]

但无论如何，出轨的后果与可怕的社会叙事总是分不开的：发现伴侣出轨的人应该要表现得很愤怒，大多数人都觉得要离开对方。比如，希拉里在丈夫克林顿的性丑闻被广泛报道之后决定继续留在他身边，这就引起了公愤。许多人会觉得很奇怪，为什么有的人在得知伴侣与其他异性发生亲密行为后还不离婚。唐纳德·特朗普就充分利用了人们对不忠的愤怒，将希拉里对丈夫克林顿不忠的容忍作为政治上的主要攻击点，还给她贴上了"纵容者"的标签。

与人类行为的许多领域一样，意图并不能很好地指示未来的行动。在美国进行的一项研究中，60%的参与者因为伴侣的不忠而威胁要离开他们，但最终只有不到25%的人真的做到了。[38]有一半人会借助心理治疗来改善两个人的关系，另一半人则不知道如何采取有效措施，或改变心意，或决定再给对方一次机会。这项研究说明了两点。首先，人们不见得能基于现在的假设来预测自己未来的行为，我们所说的与我们所做的相关性很低。其次，我们可以适应未来情况的变化。当人们发现伴侣不忠时，心理免疫系统就会发挥作用，帮助我们缓解最初受到的影响，让自己保持理智。许多经历过出轨事件的人都说自己变强大了，如果周围人不对其遭遇出轨评头论足的话，那么更多人能够因此变得强大起来。

那么出轨者本人会受到什么影响呢？他们会被骂得很惨，而且还会表现出后悔又羞愧。无论是出于什么原因而出轨，他们的行为都被认为是错的。而当事人通常不觉得自己出轨了。这就会导致认知失调，使行动与想法产生偏差。关于认知失调的研究表明，相比调整自己的行为与原有认知一致，改变对自己行为的认知更容易，这说明出轨者会很擅长解释自己的出轨行为，让其听起来能被接受。[39] 因此，虽然许多出轨者确实会感到相当愧疚，但许多人根本没有觉得有什么影响。

一旦背叛了伴侣，还有一个问题就是到底要不要承认。说谎可以避免伤害和冲突，但会让人感到愧疚，影响与伴侣的关系。研究表明，在谈话中隐瞒真相会让人感觉不那么亲密。[40] 在认知上说谎也比说实话更费力。[41] 当人们撒谎时，他们会立马想到真相，然后提醒自己捏造另一个"事实"。撒谎之后还需要权衡谎言带来的成本和收益，还得担心谎言会被揭穿。一般来说，撒谎的成本比收益更大，所以如果伴侣同意不声张的话，大部分人会愿意说出实情。

出轨之后，人们会根据具体情况来决定要不要和盘托出，这没有什么一般规律。一方面，说出实情会让问题复杂化；另一方面，隐瞒真相会让人感到愧疚，进一步破坏关系，特别是在你觉得彼此应该坦诚相待时。很多人看到这里肯定会气愤地说："那一开始就不要出轨啊！"但是，我们要思考这件事发生之后应该怎么做，因为它确实在生活中经常发生。

挣脱束缚

有一种伴侣关系对不忠更加容忍，那就是双方自愿的非一夫一妻制，也被称为"开放式关系"。英国约有5%的异性恋者处于这种关系中，关系中的双方都可以同时有多个性伴侣或亲密伴侣。[42]但每对伴侣都有自己的规则，双方清楚地知道哪些事情是不能做的，这些人都有一个共同点：在某种程度上可以接受不忠行为。

研究表明，与一夫一妻制相比，开放式关系中的伴侣在信任、诚实、亲密、友谊和满意度上都表现得更好，而嫉妒心则更弱。[43]另一项研究让一群分别处于开放式关系和一夫一妻制关系中的人描述各自关系的好处，然后将两者进行对比。[44]开放式关系比较特别的三个主要好处是：满足多样的个人需求、体验多样性（如果伴侣不敢跟你一起坐刺激的过山车，你可以找其他人陪你）、探索个人成长过程中个人独立的身份。这些好处也在最近的研究中得到证实。[45]而一夫一妻制关系中的人仅列出了性健康和道德优越感两个好处。

这里显然存在强烈的选择效应和自我报告偏差，但你至少可以考虑哪种生活方式最适合自己。虽然处于开放式关系中的人会觉得有道德耻辱感，但相比开放式关系中的背叛，人们通常更加谴责一

5. 一夫一妻

夫一妻制关系中的背叛。[46]开放式关系可能更适合不受性取向约束的个体，这些人并不只会被一种性别性吸引。开放式关系为人们提供了更大的自由来探索自己的性取向，在性方面赋予人们更多的自主权。

那开放式关系中的孩子会受到什么样的影响呢？可惜目前没有太多研究能提供有力的证据，但似乎对孩子也有一些好处。在一项长期跟踪研究中发现，开放式关系中的父母表示有更多时间与孩子单独相处。[47]这意味着孩子待在日托所中的时间更少，所以能减少开支，同时又增加了孩子与家人在一起的时间。而且还意味着可能对孩子的语言发展有益，因为父母能够更多地与孩子进行有效交流，这对孩子的语言学习有积极影响。[48]其他研究表明，生活中的多个榜样，可以更好地辅导孩子的家庭作业或激发孩子的爱好。[49]然而，开放式关系的解散可能具有潜在的破坏性，因为孩子们可能会发现自己在情感上被拉向多个方向。

考虑到社会叙事的影响，如果父母因不忠而导致一夫一妻制关系破裂，孩子长大后往往会因此而担心伴侣的承诺是否可靠。因为不忠行为普遍存在，所以一夫一妻制的负担是有害的，这会夸大离婚的后果；如果一夫一妻制不是这段关系的关键，也许能通过其他办法更加从容地应对不忠。至少从透明度和满意度方面来看（两者都是为孩子创造幸福家庭生活的因素），开放式关系可以成为一夫一妻制的合理替代选项。

然而，由于爱情和（一夫一妻制）婚姻的社会叙事过于强烈，开放式关系还不被看好和认同，选择这种关系的人甚至会被认为本质上有缺陷，即使不考虑他们的性行为和亲密关系。密歇根大学的研究人员发现，选择开放式关系的人比选择一夫一妻制的人更少使用牙线。[50] 从更广的角度来看，这说明较"宽松"的道德标准与较低的卫生标准有关。

开放式关系在男同性恋者中更常见，在女同性恋者中则不然。男性可能更容易意识到其他男性的不忠，更能理解性与爱之间的区别。开放式关系和同性恋关系之间可能存在一些有趣的相似之处。就像其他日积月累的改变，人们可能需要一段时间来接受这样的差异。只要这种改变积累到一定程度，自然而然就会有更多人开始接受开放式关系。事实上，过去十年中，在美国有关开放式关系的谷歌搜索量一直在增加，因此未来会发生什么也说不准。[51]

这种增长可能部分与线上约会有关，因为思想开放的人通过网络更容易找到与自己想法一致的人。OKCupid 网站（美国免费在线交友网站）已经察觉到了这种趋势，所以开通了用户能够以夫妻身份搜索约会对象的功能。根据该网站收集的数据，42%的用户表示会考虑在约会中保持开放式关系或多边关系。

小 结

每个人都应该有权自由选择适合自己的关系。一夫一妻制在某些时候适用于某些人，但并不适合所有人。我们需要更加接受每个人不

5. 一夫一妻

同的天性，同时考虑如何对待这些不同。这不是为了建立一个花花世界，只是承认一些关于人类状况的客观事实。挑战一夫一妻制的社会叙事还有很长的一段路要走，不遵循社会叙事的人不应该付出这么大的代价，我们需要让他们能够自由地选择对自己和伴侣更好的关系。他们可以有很多更好的选择，而一夫一妻制只是其中之一。

一旦接受了这一点，人们就可以更加开放坦诚地讨论自己想要的关系类型，而不是仅仅默认一夫一妻制。人们应该建立更能反映人类和社会发展规律的制度和政策，而不是一直坚持历史上关于道德规范的准则。例如，这可能涉及将不忠作为离婚的直接理由。

因此，开放式关系需要得到一些具体的支持，例如享有相同的税收优惠、允许多人参与临终关怀。还可以签订专门针对开放式关系的契约，保证开放式关系中的所有人都享有与已婚人士相同的津贴。目前已有法律承认开放式关系。荷兰提出了多重亲职（multi-parent）法，规定孩子最多可以有四位合法的父母，多重亲职在加利福尼亚州、加拿大的不列颠哥伦比亚省和安大略省都已合法。通过了解不同国家如何建立起接受性少数群体（男同性恋、女同性恋、双性恋、跨性别者）的法律制度，我们可以更好地帮助"新"型关系中的人实现平等。

一夫一妻制也许适用于大多数人一生的大部分时间，但背离这一点并非就是反常的。对于那些没有生物学、行为学和幸福感依据的叙事，我们是时候放弃了。当然，这个过程中还需要考虑亲密关系对孩子的影响。既然说到了孩子，我们马上来看。

6　孩子

开始介绍这一叙事之前，请先回答以下两个问题。请记下自己的答案，读完本章的第二部分后再来回顾这两个问题。

请阅读以下叙述，并指出你会为自己选择 A 还是 B。

A：你为人父母，并时常感到痛苦。

B：你不是父母，且永远也不会为人父母，但几乎从不感到痛苦。

请阅读以下叙述，并指出你会为朋友选择 A 还是 B。

A：你的朋友为人父母，并时常感到痛苦。

B：你的朋友不是父母，且永远也不会为人父母，

但几乎从不感到痛苦。

当你坠入爱河、结婚，并如誓言中那样与伴侣相伴相守之后，接下来该面对什么叙事呢？没错，就是生育。就差这最后一步，你

就完全是个成年人了。你可能会说——你说的非常对：要不是人天生遵从生育这一生理规则，我们人类就消亡了。社会可能也需要年轻人工作来供养年老的退休人员，尽管这样的经济模式是否合理依旧存疑。然而，这并非意味着社会应该以进化论和经济学作为武器来鞭笞那些不愿生育的人，或理所应当地怜悯那些没有生育能力的人。人类物种的存续需要一代又一代的人来维持，但不必让每一个社会成员都来承担，尤其是现在全球还面临着人口过剩的挑战。

鼓励生育的社会观念获得普遍支持，意味着没有生育意愿的人，尤其是女性，可能会因社会需求而被迫生育，并且身边总会有人唠叨，不生孩子就等着后悔一辈子吧。关于生育的叙事陷阱根源在于：生养孩子不一定能帮你找到幸福。事实上，孩子的降生可能就是许多父母焦虑且高压生活的开始——许多父母也会使孩子陷入极其悲惨的境地。而且那些没有孩子的伴侣也可以过上快乐而有意义的生活，尽管他们身边总有人不停念叨着该生孩子了。

要是你还不相信关于生育的叙事到底有多普遍，想想身边有多少同事四处晒娃你就明白了。我又不必见他们的心肝小宝贝儿，他们为何执着于同我分享孩子的出生体重或荒唐可笑的名字呢？因为他们觉得有必要炫耀自己在叙事上的成功。但要是他们反思一下，就能明白自己有多么自私：不仅自我主张默认我关心他们的生育能力，而且忽视了这些照片可能伤害到无法生育的同事，或伤害到可能在受孕或分娩时留下创伤的人。在英国，1/5 的孕妇选择终止妊娠，还有 1/5 的孕妇遭遇流产。我敢肯定四处晒娃的人从未考虑过这些统计数据的意义为何。

关于生育的叙事也在我们的数字足迹上留下了印记。社交媒体助长了晒娃或是晒家这样的为母之道。对于这种现象甚至还有一个新名词"晒娃式育儿"。最近一项对英国受托的 2 000 对父母的调查显示,平均每对父母在孩子五岁之前将在网上晒近 1 000 张孩子的照片。[1] 为人父母的显然更喜欢展示自己孩子积极的一面,让其他父母对自己的带娃能力感到担忧,恐相形见绌。

我们在分享自己育儿经验的同时,对爆炸式人口增长给地球带来的压力却置若罔闻,这又有什么可值得炫耀的呢?一个被收养的孩子的照片才真正更值得晒一晒,但好像没什么人这样做过。人们不会认为决定收养孩子是为了孩子的人生好,反而会揣测这对夫妇是因为不能生育才做出了妥协。所以这些父母选择隐瞒自己的善行,任其他父母高歌他们的战果。让我们更详细地考虑一下这些问题。

生育规则是否难逃

在思考人们为何为人父母时,闪过脑海的第一个原因可能就是生物本能。我们的身体构造为繁衍而生,我们降生的主要使命之一是维持人类物种存续。渴望生育是人类本性,而且有强有力的生物学和进化论依据来证明为何大多数人本性如此。

然而,这种生物欲望并不是或应该是每个人与生俱来的。并不

6. 孩子

存在每个人都要遵循的生物规则。例如，不是每个女性都有母性的天性。玛丽亚·维森多·卡斯特略解释道：要是每个人都渴望养育后代，那么在医疗条件保持不变的情况下，随着时间的推移出生率将保持不变。回顾历史，玛丽亚·维森多·卡斯特略得出结论，我们之前的假设缺少证据支持，并非所有女性生来就想要孩子。[2]人们对生育文化态度的转变影响着出生率的变动。

而如今现实摆在眼前，每个人都想要孩子的话，人类的生存问题将颇为棘手。地球已经不堪重负，我们要降低生育率来保持环境稳定。在人们眼中，养育后代成了一项终身义务，但对我来说这一现象似乎很奇怪，要知道从宏观层面来看，所有人都履行这项义务，无疑是在给自己的生活添堵。如果人类福祉是我们首要关切的事情，那么有计划地限制新生儿数量将对此大有裨益。采用简单的方法就能实现这一构想，中国的独生子女政策就是例证。或者，我们也可以采取其他适合国情的方式来质疑生育至上的叙事。

生物规则论的另一个问题在于，这一理论假定人类普遍希望生育，并在后代中传承自己的DNA。因此，比起领养孩子来说，想做父母的人更愿意选择自己生育，尽管领养于己于社会都不失为一大好事。想象一下，如果要你做一个选择——拯救一个悲惨孩子的一生或是把生命给一个还未出世的孩子——你会怎么选？毫无疑问应该选前者，但几乎每个人都选了后者。

生物规则论还忽略了一点，在考虑到其他因素（例如社会影响）后，人类能超越自己的生物本能。没错，我们可能会倾向于生

叙事改变人生

养孩子，但了解本章讲述的事实后，人们也许就会改变想法。生物本能和其他因素孰重孰轻的选择权还在人类手里，这就有趣了。比如，上一章里我们也看到了，我们当中许多人都不愿意承认生物本能在固定关系中出轨所起的作用，但谈到生育选择时我们却从未轻视生物本能这一因素。这一例子明确地说明了叙事是怎样巧妙地改变我们对是非曲直的判断的。

把父母身份放上神坛强化了这样一种假设，即生孩子比不生孩子更符合"自然规律"。对不生孩子的人的负面刻板看法认为，他们这样的选择代表着自私自利、物质主义、落后保守且缺乏爱心。一个明显的例子就是，教皇弗朗西斯一世认为低出生率的社会就是"压抑社会"，坚称不生孩子就是自私。这些负面的联系听起来总是让人深感人生有缺憾，总是怀疑自己在别人眼里是绝望、可怜又自私的。[3] 在社会舆论中，自愿放弃生育的人比起无法生育的人更为可耻。[4] 自愿放弃生育的人更有可能被视为以自我为中心的人，并在社交方面举步维艰，而无法生育的人则会得到大家些微的怜悯。自愿放弃生育的人要比无法生育的人蒙受更大的耻辱。[5]

自愿放弃生育甚至领养孩子的选择与自然规则势不两立，这也阻止其成为替代生育的合法途径，给人们提升幸福感的选择设置了不必要的限制。这暗含着不生孩子的女性的人生是不完整的，而事实上完整的人生还可以通过许多其他途径实现。澳大利亚的一项研究通过深入访谈来探索未生育女性的生活经历，参与者一致表示感觉自己的决定违背常理且被人轻视。人们对女人味的狭隘定义倾向

6. 孩子

于将不愿生育的女性在文化话语中塑造成异类。[6]

关于生育的叙事加剧了想要孩子却无法生育的人所经历的痛苦。将这一叙事视为最明智的选择会给夫妻施压，迫使他们实现生育这一里程碑。我们知道，专注于无法实现的目标不利于我们感受并评价幸福。社会主流强调生孩子是社会的最佳选择，同时也在贬低那些没有孩子的人能得到的许多其他机会，例如帮助他人。

也可以从社会背景的视角来看待多数人眼中的生物规则。本书的一个核心主题就是每个人的信仰、行为和感受通常都深受周围人的潜移默化的影响。在美国，90% 的成年人表示自己已有孩子或已将生孩子提上日程，而这个数字在过去十年中相对保持不变。[7] 然而重要的是，人们的行为模式已经发生了与预期相反的变化。虽然历史记录显示约有 10% 的人无子女，但现在这一数字接近 20%。[8]

造成这一变化的一个主要原因是，社会生育率低时，女性会更倾向于选择晚育。我对延长体外受精期限的一些研究表明，生育推迟一年会使怀孕概率降低 6%。[9] 如今，避孕药、妇女运动和更好的就业前景都意味着社会不再期望女性过早生育孩子。但社会还是期望她们生。

不言而喻，对生育的社会期望落在了女性的肩上。要是在谷歌上搜索女孩和男孩玩具，就能发现女孩的玩具更倾向于跟生育有关。女孩的玩具是婴儿车、玩具娃娃和娃娃屋；而男孩的玩具则是武器、超级英雄和建筑游戏。异性恋女性要是没有孩子，在媒体笔下就会被描绘成孤独不幸、半死不活。詹妮弗·安妮斯顿就是一个很好的例子：无论她一生做了多少贡献，在大家眼中没有孩子就是憾事。各国对待不育主义的态度存在细微差别，但在有数据可查的国家，不生孩子的女性受到的苛责比男性受到的苛责更尖锐。

另一个阻止人们不生孩子的因素则是来自亲朋好友的压力。如果你们是一对恩爱多年的年轻夫妇，尤其是初结良缘的夫妻，你们应该早已习惯父母、爷爷奶奶、外公外婆、兄弟姐妹、叔叔阿姨催生的声音。这种社会压力可以促使人们生孩子，即便这可能不符合他们的最大利益。事实上，父母催着要第三代成为许多人要孩子的理由。

虽然缺少幸福感相关的实证研究数据，拥有第三代的人——特别是祖母，确实提高了生活满意度。[10] 我们都可以依父母的喜好为自己的生活做出选择，并略微牺牲自己的幸福。但是，面对直接影响未来几年幸福的重大决定时，我更希望父母不要插手孩子的生活。当然，略微将自己的喜好强加于人在所难免，但我敢肯定我绝不会跟我的孩子波比和斯坦利暗示我是否想要孙辈。有趣的是，几乎没有学者关注父母对成年孩子的行为和幸福有什么影响。我推测，如童年时代一样，这一影响可能翻天覆地。

不生孩子的原因

尽管社会上流行这些有关生育的叙事，但世界上越来越多的人认为养育子女不是自己想要的生活。在经济和社会更自由的氛围

6. 孩子

下，做出不生孩子的决定对女性来说更容易些。一项定性研究以结构化的问题访问了决定坚持不生孩子的夫妇，结果表明不生孩子都是这些夫妇深思熟虑的决定。[11]

影响这一决策的一个重要因素是时间成本。照顾孩子会占用很多时间，意味着一生都不得闲。决定不要孩子的人可以把照顾孩子的时间省下来从事其他活动。实际上，自愿放弃生育的人越多，其他领域的投资也就越多，二者呈正相关。例如，42% 的慈善基金会是由没有孩子的人创办的。[12] 人们认为没有孩子的人热衷于此，是因为他们通过这一途径在世界上"留下痕迹"。欧洲健康、老龄化和退休调查纵向探访了 10 个欧洲国家超 2 万名 50 岁以上的人，结果显示，年长的无子女人群比年长的有子女人群更愿意将时间和金钱投在慈善上。[13]

与他人社交能有效满足人类对归属感和亲密关系的基本需求。更有力的社会支持感增进并稳固了人们的恋爱关系。[14] 因此，不生孩子的人就有更多发展感情的机会，人们把这当作不生孩子的一大理由也不足为奇了。[15] 只需要点点鼠标，你就能在网上找到专门为无子女人士设立的资讯中心及论坛。无子女的女性可以在此与他人交流，分享自己不生孩子的好处。她们可能会因为没有孩子而叹息，但总的来说，这些交流比英国妈妈网等网站上的交流更令人愉快，在那些网站上，不安的父母们甚至比较宝宝的粪便颜色，吐槽自己休息不好。

说到这一点，女性生育确实也为推进社会化提供了一个特定的机会窗口。例如，刚做妈妈的女性可能因共同的经历，很容易与其他母亲建立新的友谊。研究表明，父母身份有助于增进与朋友、家庭以及社区的社会联系。[16] 美国的一项研究还发现，孩子的降生会吸引大家的目光，刚做父母的人可能会比没有孩子的人更好地与社会融合（以其与朋友和亲戚的接触频率计）。[17]

经济负担也是许多人不要孩子的原因之一。养孩子真是笔不小的开支。在英国，抚养一个孩子从出生到 21 岁的平均成本接近 25 万英镑。所以，我的孩子波比和斯坦利，你俩要花掉我们夫妻俩 50 万英镑啊。本书第一部分就提到，有钱不能解决一切，但没钱却着实令人痛苦，有了孩子以后赚钱的压力就更大了。由于显而易见的原因，经济压力更容易影响工薪阶层的家庭。

此前提及的另一重要原因就是生育对环境的影响不容忽视。尽管这一因素在公共话语中鲜被提及，但结果却令人震惊。俄勒冈州立大学的研究人员将完成六项环保活动与仅仅少生一个孩子的潜在影响进行了比较。[18] 六项环保活动包括驾驶低油耗汽车、年均汽车行驶里程减半、使用低能耗灯泡、安装双层玻璃、更换低能耗冰箱，并确保所有的纸张、锡和玻璃都被回收利用。完成六项环保活动可减少 486 吨的碳足迹。而研究人员发现，只要少生一个孩子，就可以减少 9 441 吨的碳足迹——效果甚至是践行那些让人生活不便的环保措施的 20 倍。

当然，我们迫切想要的孩子也是将要承受气候变化后果的一代。今天出生的孩子成长为青少年时，也将见证激增的干旱、洪水和极端天气条件。联合国儿童基金会表示，由于气候变化，目前营养不良儿童的人数还将增加 2 500 万。到 2030 年，预计还将有 1 亿儿童遭受严重的粮食短缺问题。

孩子与你的幸福

那么孩子真的会让人幸福吗？诚然，根据叙事，我们的孩子自然会让我们幸福。而且，尽管上文道出了各种各样的不生孩子的理由，但是如果劝别人不生孩子恐怕就有麻烦了。我在网上看到一些令人恶心的谩骂，他们认为孩子"时不时给自己带来欢乐，在有孩子前自己不过是个快乐的机器。孩子让我有些重要的事情去担心，而且还不是什么好的方面，但孩子却给我的人生带来了巨大的意义"。以下是一些稍显"友善"的评论："我替孩子们难过……恶心。""他对自己孩子的态度也太自私了吧。笨蛋！！"（我感谢这两个惊叹号。）

不出所料，我仍然赞同我此前的观点。我的孩子为我带来了奋斗目标。但是我告诉他们，他们来这世界上为的不是我的幸福。我希望他们从中解放，活成自己想要的样子。莱斯和我选择生下他们，他们让我们感受如何就是我们的责任了。太多的父母希望孩子能让自己快乐，这对孩子来说却是巨大的负担。波比和斯坦利可以自由自在地糟蹋我们的生活，因为他们就是小孩儿，并且我敢肯定他们长成青少年时只会变本加厉。

叙事改变人生

我强烈怀疑那些批评我指出这个事实的人，只不过是在为自己那颗被孩子以各种出乎意料的方式伤透的心找个借口吧，不曾想却用力过猛。无论如何，虽然人们会经常说孩子给自己带来了快乐，但也会说自己为孩子牺牲了多少（有时候是为了孩子），这样说没有任何意义。在第 7 章中我将谈谈这一看法，我全然不信幸福总要伴随着牺牲。

最近一项评估父母与生活满意度之间关系的综述得出结论，根据大多数横向和纵向数据，没有孩子的人在生活满意度上至少与有孩子的人不分伯仲。[19] 即使使用生活满意度等（包含一些有利于某些叙事的报道偏见）的衡量标准（与婚姻一样），似乎孩子应该让我们快乐的观念并不足以让我们忽略他们实际上大多数时间并不能让我们快乐的事实。

对人们向父母身份过渡进行评估的纵向数据，可以帮助我们评估在多大程度上某些积极因素可能被其他消极因素削减。例如，一项使用德国社会经济小组数据的研究发现，父母对生活满意度的积极影响被财务成本抵消。[20] 因此，高收入水平可以抵消经济压力给父母带来的负面影响。

在不同的年龄段有孩子也会有不同的影响。在对英国人和德国人进行的大型纵向研究中，年龄在 18 ~ 22 岁的年轻父母的生活满意度都趋于下降，甚至还没有孩子出生前的指标高。[21] 现已中年（年龄在 23 ~ 34 岁）的父母在孕期和第一年的生活满意度上升；然而，生活满意度在孩子出生后的两年内即恢复到出生前的水平。年

6. 孩子

龄较大（35～49岁）的父母的生活满意度在孩子出生前增加，在孩子出生之后即恢复到与孩子出生前持平或略高水平。使用来自86个国家数据的其他大型研究也得到了类似结果。[22] 在30岁之前，为人父母和生活满意度呈负相关；在30～40岁，两者没什么关联；而在40岁之后，有孩子才普遍提升人们的生活满意度。因此，似乎老年人才更可能感受到有孩子的好处。放弃对生育这一人生大事的执念将皆大欢喜，即使做决定的时候可能会痛苦万分。

孩子的数量也很重要：简而言之，除非你真的想过不满意的生活，否则不要超过两个。边际收益递减规律无处不在。那么孩子的性别又有什么影响呢？数据普遍表明，孩子的性别对生活满意度没有影响，尽管美国有一些行为数据表明女孩的父母更有可能离婚。[23] 研究人员认为，这可能在一定程度上是由于女性胚胎能够更好地在孕期压力下生存，而并非仅因为女儿会造成更多冲突。然而，来自墨尔本的更多研究表明，女儿只会在青少年时期提高离婚率，这使人们对之前的解释产生了怀疑。[24] 处于青少年时期的女儿可能会对这种关系造成很大的压力。

我有点儿跑题了。我们继续回到为人父母的痛苦上来，除生活满意度以外，还有采取其他测量方法的大型研究对这种痛苦做了调查。美国全国家庭与住户调查（对美国13 000人进行的一项具有全国代表性的大型研究）表明，在家中与孩子一起生活的父母比没有孩子的人更容易患抑郁症。根据是否有生育或收养的18岁以下儿童对父母进行编码分组，这些组之间并无差异。

女性似乎比男性遭受更多生孩子的苦难。根据心理健康慈善机构 Mind 的说法，1/5 的母亲在孩子出生后会经历严重的心理健康问题。[25] 以下假设加剧了这个问题：我们不该这样想——我们的孩子本该让我们快乐，对吗？孩子出生后，男性经受心理健康问题的风险也会增加，尽管程度略轻。[26] 母亲角色也比父亲更易经历更大的压力和焦虑。

挪威最近对 8.5 万名母亲进行的一项研究发现，生育孩子会导致自尊心下降三年。[27] 在这项研究中，第一、第二、第三和第四次经历生育的母亲被要求在分娩前、中、后填写一份问卷。研究人员发现，在孩子出生之前，母亲的自尊心首次出现下降，然后在孩子半岁之前上升，随后在孩子三岁后的最终问卷中再次下降。母亲亚群（第一、第二、第三和第四次生育）的这种趋势一致性暗示了人口的标准趋势。我怀疑，孩子出生头几个月的自尊心上升部分是因为照顾婴儿的情势所需。随后情绪的回落可能反映出适应性，以及家庭兴趣和社会支持下降的可能。

对于初次生育的母亲来说，怀孕期间的关系满意度很高，但在孩子出生后急剧下降，并在随后几年逐渐下降。对于第二、第三和第四次生育的母亲来说，这种关系满意度的下降过程更为平缓。造成这一现象的因素可能包括维系关系的珍贵时间减少以及育儿观冲突的增加。无论如何，如果你的孩子住在家里，等他搬出去之后，你的婚姻满意度将达到一个高峰。[28] 当然，家庭环境也很重要，对于一些夫妇来说，在这段"空巢"时间，两人分手的可能性也会增加。[29]

6. 孩子

到现在为止，我相信你正因一些关于幸福体验的数据而大声抱怨。在对 1 000 名美国女性进行的日记研究中，丹尼尔·卡尼曼与他的同事发现，在 16 件最令人愉快的活动中，照顾孩子位列第 12 名。相比之下，家务劳动仅略微让人感到不快。[30] 吃饭和锻炼（虽非同时完成）则在可选的活动中更有趣些。我的一些研究评估了来自德国的参与者在不同活动中的愉悦程度和目的，结果显示，与孩子一起度过的时间平均来看并不是很愉快，但目的感极强。[31] 你和朋友在一起自然玩得更开心，你也可以从志愿服务中获得更多的目标。

当然，孩子都会长大。在身体、情绪、行为或生活方式上有问题的孩子还将对父母的幸福产生持续的不利影响。[32] 其他研究表明，至少经历过一次心理、行为、经济、就业、关系或成瘾问题的成年子女，其母亲极易患上抑郁症。[33] 相比之下，成功的孩子（"成功"与否通过父母对有关孩子成就的开放式问答来衡量）对改善父母的幸福则没有太大帮助。[34] 在生活的诸多方面，生孩子往往得不偿失。

你孩子的幸福

一旦有了孩子，你应该如何抚养他们，来给他们最大的快乐呢？简而言之，我们没有可靠的数据来给出确切答案。对家庭进行随机对照试验几乎不可能。有一个强大的叙事是，理想的情况是孩子既有妈妈又有爸爸，尤其是妈妈。有证据表明，在孩子生命的早期阶段，由母亲看护的孩子显示出明显的优势，但是研究人员常常无法将其与只有父亲看护的孩子进行比较，因此认定母亲是最好的看护者。[35] 大量证据指出了父亲积极参与孩子成长过程的重要性。[36] 此外，最近对在墨尔本进行的关于孩子成长水平的现有研究的评论指出，同性父母的孩子在幸福指数上与其他孩子并无差异。[37] 如果父亲的角色被忽视，那些关于女性的生活应该围着育儿转的想法也就不无道理了。但是，如果母亲在育儿过程中缺席，而其他人担负起精心育儿的责任，那么孩子的积极成长也未来可期。

与孩子互动的方式对他们的成长至关重要。社会阶层对此有重要的影响。在孩子小的时候，沟通交流就是一切。美国的一项研究评估了 42 个有孩子家庭中的家庭交流，发现在一周的时间里，来自中产阶级背景家庭的孩子接触了 215 000 个单词，而来自工人阶级背景家庭的孩子则接触了 62 000 个单词。[38] 到三岁时，词汇量差异中阶级相关因素的影响占 36%。此外，中产阶级母亲与孩子交谈更倾向于增进沟通，而社会经济地位较低的母亲与孩子交谈则偏向于行为指导。这进一步拉开了中产阶级和工人阶级背景家庭的孩子之间的能力差距。

研究还表明，母亲如何与孩子互动可以影响孩子的血清素功能发展，这与同理心构建息息相关。[39] 据报道，小时候被父母忽视的人在成年时期表现出中枢 5– 羟色胺能神经传递的减少，人们认为这减少了他们的同理心。[40] 采用严格实验方法对动物进行研究也得到了类似的结果；也就是说，将新生婴儿与母亲分离会影响血清素

6. 孩子

受体的表达。[41]

　　亲子互动也会影响你此后的恋爱关系。这就是依恋理论，由英国精神分析家约翰·鲍尔比在 20 世纪 60 年代末提出。根据鲍尔比的说法，在儿童时期我们表现出的依恋关系有三种：安全、矛盾和回避。[42] 分类标准以两岁儿童在母亲离开房间然后返回时的反应为依据。安全型依恋的婴儿通常难以接受母亲离开房间，在母亲返回后迫不及待要母亲陪伴且很容易得到安慰。大多数人都属于这样的依恋类型。矛盾型依恋的孩子也会难以接受父母离开，但在父母返回后对父母的靠近做出一些小抵抗。回避型依恋的儿童在父母离开时不会表现出任何痛苦的迹象，并且对父母返回身边也不会表现出兴趣。（最近又提出了第四种依恋关系：混乱。这种关系的特点是在母亲返回时背对着接近母亲。）

　　这些在小时候形成的依恋关系还会影响此后的成人亲密关系。[43]那些在小时候建立安全依恋关系的人往往会在之后的关系中感到更加舒适、安全并充满信任。大多数人就是这样。那些在小时候培养了矛盾型依恋关系的人，容易对伴侣的爱产生怀疑并希望与伴侣待在一起。最后，那些在小时候培养了回避型依恋关系的人往往会对构建新关系感到紧张，并发现他人对亲密关系的期望远远超出自己的舒适区。早期的社会化对我们以后与最接近的人之间的互动会产生长期且普遍的影响。

　　安全型依恋关系往往伴随着更高的生活满意度以及更强的幸福体验感。最近在西班牙进行的一项研究发现，与安全型依恋关系的人相比，其他几种类型依恋关系的人会经历更大的压力并感受到更多社会排斥。[44] 相比之下，与安全型依恋关系的人相比，具有回避型依恋关系的人在独处时社交欲望更低。但正如其他人此前指出的，我们要注意不可过分夸大这种影响：虽然依恋表现出一定的影响，但只是决定成年人行为的众多因素中的一个罢了。

成年的孩子

一旦孩子出生，父母和孩子之间就建立了一套双向沟通系统。正如人们无须因为不想要孩子而忍受压力，孩子也无须强忍痛苦与父母沟通。然而，如果我们要逃离真正伤害自己的家庭，就必须努力对抗社会叙事的浪潮。世上总有些非常糟糕的父母，让孩子承受了极大的痛苦，只因这扯不断的血缘关系。

我们发现难以拒绝家庭关系的一个原因在于依恋关系。在对老鼠情感依恋进行研究的过程中，人们发现，当老鼠面对年幼时忽视自己或伤害自己身体的母亲时，与恐惧和回避相关的神经回路会受到抑制。[45] 进化论对此解释道，婴儿在受虐期间仍保持依恋，因为对婴儿来说，依恋一个虐待自己的看护人总比没人看管好。儿童可能也存在类似的生物依恋电路，并在成年后仍然发挥强大作用。

当那些拒绝同不称职父母和平相处的人面对他人的严苛评价时，生理上的依赖关系就会得到加强。对我们来说，可以抛弃对自己不好的伙伴，但不要拒绝与父母交谈，否则自己或者自己的后代可能

6. 孩子

会受到更多的长期伤害。就社会福利而言，特别是在有了孙辈之后，不论其父母对自己和家庭造成的后果如何，许多子女都与不称职的父母保持联系。我们需要走出叙事陷阱，在这种叙事里，我们忍不了的那些朋友相处方式，却要在家人那里忍受。我们不应该这样。

如果父母能意识到这样做的代价可能是失去孩子，他们就可能会三思而后行了。在很大程度上，尽管我们可能会以不同的方式讲自己的故事，但我们会以其他人能够接受的方式对待他们。因此，要是做父母的知道如果继续不称职，自己的孩子可能就会不再和自己沟通了，那么，只要父母能从与孩子的联系中获益，就能推动他们改变自己的行为。如果这种联系无须维持，那么父母也就没有动力改变自己的行为。破坏自由是社会的耻辱，只会加剧问题。

人们有时会错误地认为，父母要无条件地爱自己的孩子。而实际上，孩子往往忍受着父母的恶行。诚然，即使孩子做出什么骇人听闻的事来，父母的"爱"也不会停止：看看有多少母亲要去监狱探望因强奸、谋杀和其他重罪入狱的儿子你就明白了。但是，要是认为孩子对自己不好或拒绝自己的爱，那父母也会相应减少对孩子的情感支持。因此，一个有趣的现象是，虽然父母可以原谅自己成年的子女给别人造成的痛苦，但要是痛苦放在自己身上，便一丝一毫也无法忍受。这是一种片面且极不正常的功利主义形式：做父母的认为任何伤害放在自己身上都比在其他人身上严重得多。

我的团队最近分析了 7 000 名德国人的小组数据，发现生活最为悲惨的 5% 的人口对家庭生活的满意度一直很低。超过 1/3 的案例显示，家庭生活满意度随着时间的推移进一步下降，这表明如果家庭问题从一开始就很糟，那么也不太可能得到什么改善。无论是伴侣还是父母，任何有害的关系都无须强求。

小　结

有孩子的生活通常都很快乐充实，但孩子并不是其必要条件。从宏观和微观两个层面上看，不生孩子的理由都很充分。因此，鼓励人人"去生孩子"的叙事并无帮助，不要紧抓这样的社会叙事。寻找途径来赞颂而不是打击选择不生孩子的人群，可以产生积极的社会影响。我们目前的做法就是以审讯和社会制裁来回馈那些不生孩子的人。

生孩子将会对每个人的时间、财富的分配，以及生活方式产生极大的影响，因此生育的选择权应该交回给每个人自己。目前的政策包括为有子女的家庭提供经济援助，保障长期产假并延长陪产假，以及为许多人提供育儿服务补贴。几乎每天新闻都在报道育儿费用涨破天际，即使对中产阶级来说，请育儿看护的价格也令人咋舌。

有人指出，新增人口减少意味着照顾老人的人力减少，因此鼓励生育的政策还将强化。为了应对这种担忧并解决其低生育率问题，丹麦和日本等国家正在积极鼓励"造人"。他们已经制定了关键措施来确保有稳定的劳动力来支持失业者。例如，丹麦的旅游公司鼓励人们收拾行李去度假，因为一些初步证据显示，假期人们生孩子的可能性会提升 46%。丹麦度假公司斯派斯为通过他们网站预订度假的夫妇提供

6. 孩子

三年免费纸尿裤。这些假期预订甚至提供了实用的"受孕指导"，以帮助夫妇在国外优化其受孕机会。

　　然而，理性地来看，在我们直接鼓励生育之前，至少应该首先考虑其他政策选项来改善抚养比（非工作年龄与工作年龄人数之比）。制定更多养老金储蓄政策来为以后的生活提供充足资金保障或提高退休年龄可能是更好的选择。我们明白，人们生活中的意志力很大一部分来源于工作，老年人还能因此减少孤独感。所以，对老一辈的人来说，适当的工作可以提高幸福感，还不用对这颗已经人口过剩的星球造成进一步伤害。

　　考虑到养育子女会带来财务、社会及环境成本，政策制定者可以采取更多措施，让大众了解生育要面对的结果。如果只是为了这短暂的快乐，人们也将更好地为育儿的消极方面做好准备。人们不仅能因此提升幸福感，还将成为更称职的父母。政府、机构和个人应携手并进，为无子女生活正名，承认其带来的无穷个人益处与社会效益。比起那些有孩子的自私朋友来说，没有孩子的人在遗嘱中给予了更多的慈善捐赠，为环境保护与代际平等做出了更大的贡献。有没有孩子不是判断是否成年的标志。大家都是成年人。

本篇总结

　　没有人是座孤岛。人是社会生物，从与他人的关系中受益良多。但是关于我们应该如何与其他人产生关系的叙事都过于程式化：你该结婚，你该对婚姻忠诚，你该生个孩子。如果这些选择适合你，诚然很好。然而，目前并没有一种"一刀切"的方式能让我们处理与伴侣、父母、子女以及我们自己的关系，历史上也从未有过。我们每个人都应该选择最适合自己的，而不是为了避免被他人苛责而做出选择。

　　叙事告诉我们应有的感受与实际的感受总是矛盾的，对那些被迫接受预期结果或是不愿或不能接受预期的人来说，这些矛盾会带来许多不必要的悲痛。如果告诉单身人士，生活的巅峰就是找到自己的"那个人"，而他们只需要"不断寻找"，那这种言论既满是谬误，还透露着高高在上的傲慢。同样，我们拒绝承认在这世界上人们能够与不止一人同时保持亲密关系，也不愿承认这种情况完全正常，是因为我们忽略了身边已经发生的例证，而且我们也找不出其本质上有害的证据。至于生孩子，人口越少，地球也将越好。所以我们要做些什么的话，就创造些没有孩子也能过上充实生活的叙事吧，世上的例证很多。

本篇总结

我想，有人会认为，减少或删去任何一个关系的叙事会导致社会凝聚力崩溃。你甚至可以将叙事看作社会结构的一部分。类似于关于君主制等制度的"身体政治"观点，你甚至可能认为，脱离任何一种关系的叙事都会对其他叙事和整个民间社会造成不利影响。

在历史中，关于我们如今接受的主流的行为也有类似的论点。最著名的类似论点就是，人们担心将同性恋合法化会导致某种传染效应，从而会有更多人"选择"成为同性恋。这些恐惧很大程度上是出于偏执和偏见，完全没有根据。我认为同样的动机可能也存在于人们不愿意接受非一夫一妻制的关系背后。而且我认为这些担忧最终会被证明毫无价值。我认为，非一夫一妻制不可能取代一夫一妻制，就像同性恋不会取代异性恋一样。

请记住，我提议的反叙事并非与现行叙事相反的反面叙述。重申一下，它的构成基于我们在快乐和目的的流动中所做的事情。这意味着，对你来说与他人交往最快乐的方式可能会给别人带来痛苦，反之亦然。如果你偏向通过结婚证书缔结的一夫一妻制关系，我并不会要求你选择不同的生活。

然而，我这么说是希望你在对别人做评判的时候能够有更开放的态度。对于在感情生活中不按常规做决定的人保持宽容，对我们与他人的关系有百利而无一害。评判他人生活的唯一方式就是采用他们评判你的原则：他们是否幸福？与其他选择相比，他们现在的选择是否最大限度地减少了其他人受到的负面影响？

在此背景下，值得注意的是，叙事在应用上还有性别差异。婚姻对于男性的好处多于女性，但人们却只会更加同情没有找到另一半的女性。一夫一妻制似乎并不适合所有女性，人们对于女性出轨比男性出轨的反应要大得多，有孩子的女性尤甚。同样是选择不生孩子，比起男性，人们更倾向于认为女性冷漠无情，精于算计，若是无法生育，女性在人们眼中比男性更可怜。

但无论我们属于或者认同哪个群体，我十分肯定，如果我们能更多地关注我们在与他人关系经历中作为仲裁者所获得的反馈，而不是将我们的决定和判断建立在道德或是指导我们如何生活的社会建构上，我们总体上会更快乐。当然，对某些决定来说，我们无法亲身体验：没有孩子的人无法体会孩子对自己的影响。其他人便派上了用场：与像你这样的人交谈，了解快乐且充满决心的经历究竟如何。[1]但同样，把人们宣称的幸福关键元素加点儿有趣的"作料"，然后为你自己评判一下他们的经历。这样你就可以避免再次陷入叙事的陷阱。

好了，是时候把你对这组关系叙事的答案与我们研究者的数据做个比较了。图11显示了结果。同样，人们把所有叙事看得比少数人的幸福更重要。但总的来说，为了按照关系的元叙事生活而非达到自己的目标，很少有人愿意让自己痛苦不堪。这一次，比起美国，更多的英国受访者愿意按叙事来做，即使这样会带来痛苦（我要指出，"追求"叙事中可不是这么说的）。生孩子尤其如此。因此，当美国人追寻金钱时，英国人似乎更想要家庭，这表明叙事的权衡取决于不同的价值体系。如此前一样，受访者更有可能为了其他人而避开叙事的陷阱（当然美国人除外，他们不会受此影响）。

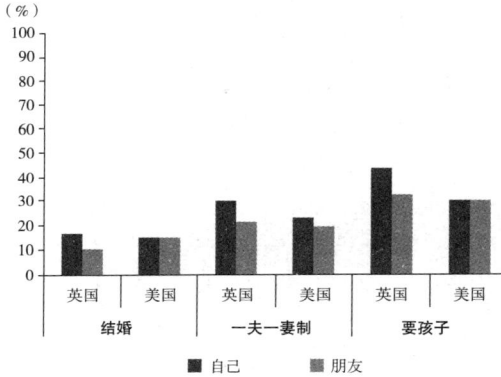

图 11　为自己和为朋友选择 A 生活（叙事）和 B 生活（快乐）的百分比

第三篇

负责

对于适应能力强的成年人，人们除了要求他们遵从有关工作和家庭生活的社会叙事之外，还期望他们对自己的行事负责任。负责任的叙事要求我们遵从利他主义（某种程度上要有利他的动机）、保持健康（更加重视身体健康、延长寿命），还要凭自我意志行动（自由控制自我行为和感受）。我想谈谈，纯粹的利他主义作为一种社会建构，与出于自身利益动机做出的善行相比，并无明显的益处。我还要探讨一下，究竟为何我们无可非议地会被关注驱使，而不是尽可能健康、长久地生活。接着，我还会探索是否每个人的自由意志都不如想象中那般自由。最后一部分谈到的是我们评价人类行为的核心：我们应当依据行为带来的影响做出评价，而不是像传统的元叙事坚持的那样，根据意图来评价。

7 利他

请先回答以下两个问题并记下答案，读完第三部分后再来回顾这两个问题。

请阅读以下叙述，并指出在两种生活选择中你会选择A还是B。

A：你经常匿名向慈善机构捐赠，但你经常感到痛苦。

B：你经常向慈善机构捐赠并以此炫耀，你几乎不会感到痛苦。

请阅读以下叙述，并指出在两种生活选择中你会为朋友选择 A 还是 B。

A：你的朋友经常匿名向慈善机构捐赠，但你的朋友经常感到痛苦。

B：你的朋友经常向慈善机构捐赠并以此炫耀，你的朋友几乎不会感到痛苦。

世界各地的人每天忙来忙去也都是为了帮助他人。2015 年的统计数据显示，美国个人慈善捐赠额要远超基金会和企业慈善捐赠额的总和：前者的捐赠总额达 2 680 亿美元，而后者仅为 750 亿美元。同年，美国志愿者服务时长也达到了近 80 亿个小时。同年在英国，个人捐赠额为 96 亿英镑，平均每人每月捐赠 37 英镑，1/7 的受访者参加过志愿活动。

利他行为值得庆祝和鼓励，无论大小。那么叙事陷阱在哪里呢？没错，陷阱就在人们的想法上，认为人的行为本就应该利他。这些行为根本不应包含任何个人利益。它们应该是纯粹无私的。但是这一叙事忽视并否认了利己自爱的重要性，会阻碍它一直以来推动实现的行为：积德行善，脱离苦海。

看山顶上的吉尔

看一下我这两个朋友——杰克和吉尔的经历。杰克年收入约 3 万英镑，他将年净收入的 2% 捐赠给慈善机构。他所捐赠的慈善机构大部分都在发展中国家，善款主要用于驱虫和在疟疾高发地区建立控制网。吉尔和杰克收入相近，也将自己年净收入的 2% 捐给了慈善机构。这些善款都捐给了英国的乳腺癌慈善机构。比起英国人的平均捐赠水平，杰克和吉尔要慷慨得多：过去 30 年来，英国家庭平均将 0.5% 的可支配收入捐给了慈善机构。

然而，杰克和吉尔对于自己捐赠行为的公开度则有不同的态

7. 利他

度。杰克把自己的慈善行为公之于众。他的朋友、熟人，甚至任何听得到他说话的人都知道他有多慷慨。他一有机会就开始宣传，告诉大家自己从慈善中获益匪浅。下班后在酒吧玩、与朋友出去玩，甚至约会的时候他都不忘说说自己捐款的事情。一家受赠机构甚至在其发行量很大的新闻通讯上为杰克做了专题采访，以赞颂他的善行。而吉尔选择了匿名捐赠，只有最亲密的朋友才知道这件事，而且即便只有少数人知道这件事情也让吉尔感到不适。她真心希望这件事被大家完全忽略。

有些人更倾向于认为，吉尔比起杰克来说更加无私。或许是吉尔的捐赠行为更为独立自主，才让她成为比杰克更好的人。我想，很多人本能地开始以 12 世纪的法师——迈蒙尼提斯的方式评价此事，他构建了著名的捐赠层次分级，匿名捐赠要比高调捐赠更值得称赞。我认为法师搞错了。捐赠者的动机不是需要关心的重点，我们更应该关注捐赠本身带来的影响。

任何基于捐赠者动机的利他主义层次分级都将陷入叙事陷阱。某种程度上认为完全剥离自我利益的亲社会行为优于出于自私目的做出的利他行为，不仅忽视了利他行为如何使接受者获益，也隐晦甚至直白地阻碍了那些想从帮助他人中获益的人做出善行。结果就是导致慈善事业的总体萎缩。

然而，纯粹利他主义的叙事无处不在，我们不妨考虑一下杰克和吉尔慷慨的原因。从进化论角度来看，慈善行为有两大明确的原因，但却无法解释这两大原因下的慈善捐赠行为。其一是亲缘选择，我们只帮助与自己有血缘关系的人。而杰克和吉尔帮助的受赠者与自己并无血缘关系。其二是互惠原则，群体成员互相帮助（例如，我虽然并不喜欢评阅学术论文，但其他学者要花时间评阅我的论文，故我也理应这样做）。吉尔或许将来某时可能获得乳腺癌慈善机构的帮助，但杰克绝不会指望他帮助的受赠者与他有任何互惠行为。这是杰克和吉尔各自不同行为方式的两大原因：外部认可与内部奖励。

分享是关心的表现

杰克为自己的慈善捐赠行为寻求外部认可。即使可能会被他人视为炫耀，慷慨捐赠的行为也让他被视为更理想的另一半。一项针对英国 20 岁左右女性的研究向 200 多名受试者展示了相貌英俊与相貌平庸的男性的照片，并向她们描述这些男性在有机会做出善行的场合时——例如经过流浪汉身边时——做出的选择。[1] 结果显示，相貌英俊且心地善良的男性是最理想的伴侣，相貌平庸且不友善的男性则是最不理想的（不言而喻）；此外，相貌平庸却心地善良的男性比相貌英俊却不友善的男性更容易令人产生好感。

审视杰克和吉尔的案例时，一些人会认为他们的行为代表了性别差异——男性通常比女性更爱炫耀。在一项针对男性和女性在线慈善捐赠差异的研究中，当慈善捐助倡议中有美貌动人的女性照片时，男性的捐赠额度几乎为原来的四倍，要是捐赠记录中有额度更

7. 利他

高的男性，他的捐赠额度还可能更高。相比之下，女性的捐赠并不会受到受赠者相貌以及其他捐赠者的影响。[2] 虽然这只是一项个案研究，但结果暗示着男性的慷慨行为极可能演变为一种吸引异性的技巧，而女性的动机则更为独立。值得注意的是，一位男性越是表现出无私，统计数据中他的性伴侣也就越多——当然在恋爱关系中，性行为的次数也就相对更多。[3]

其他研究则发现，人们不仅期望女性比男性更加无私，而且当她们不这么做时，相较于对男性，我们会对她们实施更大程度的惩罚。耶鲁大学做心理学和经济学研究的大卫·兰德及其同事认为，在自发帮助他人中表现出的性别差异，其背后正是女性所承载的更高期望与面对的更严厉惩罚。他们在涉及 21 项研究数据的元分析中发现，不管有多少时间做决定，男性总是不如女性慷慨，并且在需要果断下决定的场合，女性还要更为慷慨一些。[4] 女性默认就要"心地善良"。多给些时间理性思考做出选择，女性将不再如此慷慨。但随着时间的推移，女性慷慨行为的降低程度各不相同。对于那些相对具有更多男性特征（如控制力和独立性）而非女性特征（如热心肠和心软）的女性来说，下降幅度要大得多。

在我撰写本章的初稿时，大卫·贝克汉姆的电子邮件被黑，尽管他积极参与慈善，但关于他被拒绝封爵的热闹八卦邮件还是在新闻中被无情报道出来。荣誉委员会中一些"烦人的白痴"宣布贝克汉姆无缘封爵，贝克汉姆则认为这就是个"无理取闹的笑话"。随之而来的报道十分恶毒，特别关注这件事背后的"隐藏信息"：贝克汉姆做慈善并非纯粹无私奉献,而是部分出于渴望获得认可。此后几天,对他的讽刺如潮水般涌来。大批网民聚集在推特,在"#小贝邮件门"话题下发起讨论,用"#骗子""#可悲""#金鸟奖得主"等字眼抖着机灵讽刺他。皮尔斯·摩根做得更狠,他在推特上号召大家"抓住贝克汉姆",给他戴上骗子的"高帽"。数月之后他还继续喋喋不休道公众不该这么快原谅贝克汉姆。

我理解,这件事会让人失望,但是发现眼中的体面英雄有着如常人一般的欲望,真的会让人那般失望或惊讶吗?或者说为了符合利他主义的叙事,即使过度放大自己的无私动机也可以吗?可以肯定地说,公众对他的信任已然降低,还将怀疑他在其他领域的行为也有别有用心的动机。我猜想,他的可信度已经降低,这是我们评价他人非常重要的一点。

但是被曝光的还有贝克汉姆究竟为慈善事业做出了多少贡献。他出任了联合国儿童基金会的亲善大使,还运营着"7号:贝克汉姆联合国儿童基金",共筹集了数百万英镑的善款。他把在巴黎圣日尔曼队效力时的所有收入都捐给了慈善机构。他支持着从扶贫到野生动物保护等多项事业。在我看来更荒谬的是,贝克汉姆为慈善事业做了这么多,但仅仅因为自己想要得到认可就遭到了许多人的否认。对我来说,这真的荒唐又可笑。贝克汉姆想要因此封爵,或是因无缘爵位感到生气,如果找到数年来用他的善款帮助过的所有儿童,我敢打赌,没有一个会对此表示介意。

大量证据表明,如果善行得到认可,那么人们将会更加无私。

7. 利他

一项研究试着评估利他行为动机与周围情况的相关程度，结果表明，人们低估了把捐赠公开所带来的效果，比起匿名捐赠，公开捐赠更能让人们将其重视起来。[5]实验要求参与者完成一系列表格中计算 0 和 1 的单调任务，计算正确即可为慈善机构赢取善款。实验记录了他们在公开参与及匿名参与时的表现，在一种情况下完成之后会将收益反馈给受试者，并让他们猜测在另一种情况下收益如何。结果显示，受试者在项目公开时表现得更好（数据经得住检查），但他们并没有意识到公开参与对于他们对项目的投入程度以及赚取的善款影响有多大。我们似乎并未意识到自己的善行受周围情况的影响有多大。

最近一项在实验室中进行的研究巧妙证明了赞美捐赠额度高的捐赠者以及羞辱捐赠额度低的捐赠者的有效性。[6] 5 ~ 8 名受试者为一组，他们有机会将手中的由实验方提供的 10 美元捐给美国红十字会。共有三组受试者：第一组所有捐赠者的姓名和捐赠额均为公开，第二组只公开额度最高的捐赠者姓名及其额度，第三组只公开额度最高和最低的捐赠者姓名。第三组募集的善款最多，公布姓名以及羞辱的制度创造出一种竞赛的氛围，捐赠者争相成为捐款额度最高的人，努力不落人后。

从利他主义来看，本书第一部分中关于将积极社会成果作为社会地位的标志（例如公布最高纳税人的名单）的建议便与这一实验直接相关。《星期日泰晤士报》富豪榜和《福布斯》世界 500 强盛赞富豪，在我们眼中建立了一种曲高和寡的等级制度。相比之下，慈善家 50 强却无人问津。我有幸加入了今年的《星期日泰晤士报》另类富豪榜的评选小组，该榜单是对富豪榜的一种补充。这些榜单无非就是换着花样来衡量成功与经济价值，实在是过于刻板。以俄罗斯商业巨头阿利舍尔·乌斯马诺夫为例，他的财富都来自金属与采矿业，而他主要捐赠的慈善机构则都与他的击剑爱好有关。与乌斯马诺夫形成对比的是，来自谢菲尔德的 21 岁的丹尼尔·布罗德海德，是第一个在活着时向匿名受助者捐献肝脏的人。

这让我想起，我把参与那次评选的费用捐给了慈善机构。我曾与孩子讨论这个问题，将两千英镑的善款等分，一份捐给帮助无家可归人士的慈善机构，另一份则用来帮助吸毒人士的子女。除了希望我的孩子能够从中获得更多社会意识，我也希望得到更多的外界认可——或许我这样看起来像个混蛋。没错，慈善机构受益，我也对此感觉甚好，这给了我进一步捐赠的动力。那么我也愿意为这些好处承受些抨击。

我意识到，避免看起来像个混蛋已足够让我们收敛，别太炫耀。但需注意：弱化你的积极诉求可能会适得其反。[7] 在一项实验中，受试者需浏览不同的推特推文，并回答一系列与推文作者有关的问题。有的受试者读到的推文从头到尾都是自吹自擂，例如“我刚刚获得了教师岗位奖金”，有些推文则是低调自夸，如“我刚刚获得了教师岗位奖金，不可能吧，啊？”研究人员发现，相比彻头彻尾的自吹自擂而言，低调自夸降低了受欢迎程度与感知能力。

7. 利他

内心快乐

因此，杰克能从外界的认可中获益。但是将慈善行为低调处理的吉尔是为了怎样的自我利益呢？我们尚不能确认吉尔是一个纯粹的利他主义者，还需要考虑她慷慨行为的另一可能动机：她可能从捐赠行为中得到内在益处。此外，这一可能动机也适用于杰克：他不仅寻求外界认可并从中受益，还从自己的慷慨行为中寻求并获得自我奖励。

严格地说，我们还要了解吉尔若是将 2% 的收入用于他处，是否会比捐给慈善机构更让自己感到快乐。我们显然无法知道她是否通过慈善捐赠来让自己的幸福最大化，但我们确实知道帮助其他人能够带来极大的个人幸福感。这也是为什么我要在《设计幸福》一书中用半个章节来谈论亲社会行为的好处。美国的一项研究发现，与未做过慈善捐赠的人相比，捐赠者感到"非常幸福"的可能性高出 43%。[8] 与未做过志愿活动的人相比，志愿者的抑郁程度较低，死亡率较低，生活满意度较高。[9] 20 世纪 80 年代以来，经济学家詹姆斯·安德列奥尼一直使用"温暖之光"这一术语来指代我们从中获得的愉悦。[10]

这也是研究人员建立起可靠的具有因果关系数据的少数领域之一，因此我们可以确信帮助他人与个人幸福之间确有联系。在美国的一项研究中，受试者根据随机指示将钱花在另一人身上，或是捐赠给慈善机构，结果显示他们都比得到指示将钱花在自己身上的人更幸福。[11] 神经科学证据似乎也支持这一结果：已经证实，当个人进行自愿捐赠（包括匿名捐赠）时，大脑中与奖励处理相关联的区域会被激活。[12] 荷兰最近的一项研究发现，（通过碳足迹计算器）得知自己碳足迹低于学生平均水平的学生，其体温要比得知自己碳足迹高于学生平均水平的学生更温暖。学生似乎认为自己在做好事就能带来快乐。[13]

一项研究要求受试的不列颠哥伦比亚大学的学生回忆自己最近一次在自己或别人身上花钱的经历，结果发现回忆起给他人花钱的人心情会更好。[14] 此外，处于这种良好心情使他们更有可能选择在当天晚些时候参与另一种亲社会行为。每个人都将从善行中获益良多——即使没有将其公之于众。

被误解的殉道者

因此，尽管吉尔不需要任何外界认可，但也确实获得了内在益处。杰克也是如此，还有大卫·贝克汉姆，以及所有参与任何亲社会行为的人。可能并非人人都需要外界认可，而有些人却会因为杰克和大卫·贝克汉姆寻求认可而对其严厉批判，但是，不要自欺欺人地说你的善举不掺杂任何自身利益。我们可以暂时停止争论，但纯粹的利他主义叙事不仅在现实中大错特错，在判断亲社会行为的善意时还会造成伤害。

鼓励大家努力成为殉道者与认为人类是纯粹自私自利的生命存在的新古典主义论点一样荒谬可笑。虽然宗教可能让我们执着于认为人们要么是甘于牺牲的圣徒，要么是自私自利的罪人，但对周遭世界内省思考或观察后就能够发现，总的来说，我们是介于两者之间的理性的人类。我们时常参与既利人又利己的活动，怡然自得。

在美国的一项关注志愿服务的研究中，拥有更多自我动机（例如自尊、促进个人发展）而参与志愿服务的人坚持志愿服务的时间长于那些声称做志愿服务是为社区和社会服务的人。[15] 当赞比亚政府招募社区医疗卫生工作者时，他们发现强调职业激励的海报招募来的工人（与看了广告后认为自己参与这份工作是为了社区福祉的人相比）能够完成额外 29% 的家访工作，并能完成两倍的社区动员工作。[16] 这些人都是好人：毕竟他们愿意申请成为社区医疗卫生工作者。但他们同样也对自身职业发展感兴趣。受职业激励的影响，新员工进行了更多医疗访问，其患者的健康状况也有所好转。

如果我们要求个人为了利他主义而不求任何回报，那么我们便在传达这样一个理念——做好事要牺牲自己的幸福。显然这是在劝退那些做好事的人。在纯粹利他主义的自我牺牲叙事中，我们肯定会看到次优等级的亲社会行为会将受助者的幸福最大化，而忽视捐赠者的幸福。

此外，鼓励个人将自己的善行视为品德高尚，实际上可能会适得其反，善行也将因此越来越少。其基本思想是，自视"不错"会让你变得"顽皮"。这是因为，我们认识到自己并非极善极恶，就会产生许可效应；相反，我们每个人将一系列竞争动机和目标的平衡作为自己的行为方式。在 2008 年美国总统选举之前开展的一项实例研究很好地展现了这一现象。[17] 受试者最初被问及他们计划投票给谁，然后面对招聘任务。应聘实验要求受试者假设自己是一个主要居民为白人且种族偏见横行的小镇的警察局长，并说明他们是否认为黑人或白人更适合受雇为官员。比起没有被问及投票计划的受试者，那些说要通过支持奥巴马来建立反种族主义信任的人更有可能在招聘任务中表达对白人警察的偏好。

我们可以把许可效应看作我们脑海中道德银行账户的运作方式：慈善捐赠可以获得道德信用，这些信用可以用来购买篡改自己开支的权利。在一项探索道德信用的研究中，加拿大的研究人员发现，与传统商店相比，被指派在绿色在线商店购买产品的人更有可能在之后的任务中撒谎。[18] 在美国进行的另一项研究发现，红十字会筹款活动的参与者比起没有参与的人来说在未来几周内更有可能表达对白人警察的偏爱。在后续研究中，研究人员发现，在参与同样的筹款活动后，受试者更有可能对黑人产生负面刻板的印象，如暴力、懒惰、侵略性、犯罪和敌意。[19]

有时道德信任并非真实存在，却可以被感知到。美国的数据显示，自由派不如保守派亲社会，这一结论源于两者的收入差距。[20] 但自由派却认为自己在精神上更关心社会不平等，因此不觉得有必要用实际行动来为这一担忧做出改变。

7. 利他

因此，在一项包括来自美国、加拿大、中国、约旦、土耳其和南非儿童的研究中，结果并不让人惊讶，宗教家庭的儿童捐赠更少。[21] 给一组孩子 10 张贴纸，并询问他们愿意匿名捐赠多少贴纸给他们学校没有贴纸的孩子，这样他们就都可以加入游戏。宗教家庭的孩子不如非宗教家庭的孩子捐出的贴纸多。该研究还询问了父母对自己孩子慷慨程度的了解，信仰宗教的父母认为自己的孩子比非宗教父母的孩子更慷慨。似乎信仰宗教意味着你认为自己——或者在这个例子中更确切地说，自己的孩子——是更好的人。

但这并不意味着这些孩子在自己的生活中做的好事就会少。如果他们像那些每天宣称感觉上帝的仁爱不止一次的美国人一样，那么他们参与志愿服务，每年捐出不止 5 000 美元帮助那些有需要的人的可能性是非宗教信徒的两倍多。[22] 重要的是我们要认识到，善行将产生连锁反应，因为在某些情况下，我们可能会在无意识下表现得不尽如人意。如果你因自己做了一件好事而沾沾自喜，那不妨停下来考虑一下这样做会对当天做的其他事情有什么后续影响。

同理心是敌人

因此，当杰克宣之于口而吉尔保持沉默时，他们都从慈善事业中获得了幸福。正如我在《设计幸福》中建议的，鼓励亲社会行为的一个重要方法就是进一步突出帮助他人的内在益处。如果我负责开展筹集善款和志愿服务的活动，我会采用"日行一善，天天心欢"的口号（我这么优秀居然没有广告公司争着雇我）。

但这在很大程度上取决于我们在帮助他人时的感受。我们帮助他人时的感受在很大程度上决定了我们对什么事业最值得自己投入的判断。这里的陷阱在于，共情的感觉并没有我们预期的那样好。从表面上看，能够以你眼中他人的方式去体验世界是件好事。当你感受他人的痛苦时，你就有动力去缓解它。但在《反共情》一书中，保罗·布卢姆描述了共情的"聚光灯效应"，也就是说，我们自然而然会专注于我们关心和关注的事物，因为我们思考的能力有限，对目光所及范围之外的事往往无法顾及。[23] 聚光灯照亮了我们关注的问题，但是把其他所有问题都投射在阴影中，其中一些可能是更值得完成的事业。聚光灯数不胜数，范围狭隘并难及远处，因此也不适合作为我们努力向善的向导。

共情能力弱可能在很大程度上是由显而易见的受害者效应导致的。[24] 人们倾向于向特定受害者提供更多帮助，这种受害者在某种程度上指的是各不相同的个体，而非模糊定义的受害者群体。布卢姆在瑞典的一项研究中证明了这一效应，他发现，当人们看到马里一个名叫罗基亚的饥饿儿童的照片时，他们对"拯救儿童"的捐赠比收到一份关于整个非洲饥饿的惊人统计数据时要多得多。[25]

如果我们能把罗基亚放在公众眼前的核心位置，以帮助非洲更多的饥饿儿童，这也没什么大不了的。美国社会心理学家丹尼尔·巴特森提供的一些证据表明，让个人同情被歧视群体中的一员，例如流浪汉或艾滋病患者，实际上可以引导人们对整个群体抱有更积极的态度。[26] 但是，巴特森警告说，只有当整个群体与人们同情的个人有相同需求时，这种方法才可能有所帮助。如果一场慈善运动为流浪汉赢得支持，例如，通过讲述一个人在艰难时期因为失去工作而流落街头的故事，他们可能会得到职业培训项目的捐款，但这场运动不太可能帮那些出于吸毒等原因流落街头、完全需要不同类型帮助的流浪汉。

其他研究发现，同情单个受害者也会导致人们做出总体上更糟糕的决定。在巴特森的另一项研究中，研究人员告诉受试者一个名叫雪莉的年轻女孩的经历，她身患绝症，与其他患病儿童一起在等待止痛药的名单上。[27] 排在等候名单前列的人最痛苦。研究人员随后要求一半的参与者想象雪莉的感受，以激发他们对她的同理心。然后，所有的受试者都被问及他们是否想把雪莉排在名单前列，即使排在她前面的孩子经受着更大的痛苦。那些对雪莉更同情的人更愿意这样做，而不惜让其他孩子处于更大的痛苦中。

同理心一如往常地狭隘。同情某人就像是穿着他的鞋一样。如果两人的脚尺寸相同，同情心也更容易萌生。我们的同理心通常最容易被和我们有些相似的人或我们身边的人激发出来，因此它会像偏见一样扭曲我们向善的努力。瑞士的一项有趣研究调查了当一个人被描绘成足球队的球迷时，他是否愿意帮助减轻对手球队的球迷的痛苦。[28] 这项研究结果表明，人们不太可能帮助其他团队的成员，并且当他们观察对手时，大脑中传达移情关怀的神经活动会受到抑制。

最后，我们也不太同情那些在时间上距离我们尚远的人。我们在气候变化问题上的无所作为正是我们不同情后代的一个例子。我们目前生活方式的一些成本将由后代承担。如果我们认真考虑减轻后代的苦难，无论远近，无论现在还是以后，那么我们极易对自己团体内成员产生的同情可能不是改变行为以减轻气候变化有害影响的最佳方式。

看山顶上的杰克

我们需要对子孙后代表现出一些冷静的、审慎的同情心。为了尽可能地帮助他人，我们需要权衡从努力中获得的个人利益和从行动中获得的个人利益。在波比和斯坦利生病时照顾他们，或者借给朋友一些钱来帮助他们渡过难关、挺到发薪日，在这些事情上如果能够对他们的遭遇感同身受的话，我们就更可能愉快地施以援手。要帮助与自己关系更远的人，我们有理由驱除自己同情心驱使下的亲社会行为，表现出一种更超然的同情心。

有效利他主义运动用证据和理性来搞清楚哪一种方法最能有效减少全世界的苦难。[29] 但是我们不可能总是恰当地建立有效的机制，或是确保这一机制在各地都行之有效。我们也不总是能够确定我们的捐赠会流向需要的地方。但这项运动的重要贡献就在于，它提醒我们在考虑捐赠的正当理由时不要过于狭隘。普林斯顿大学的生物伦理学教授彼得·辛格是有效利他主义的主要倡导者，他认为减少

7. 利他

全球范围内苦难的最有效方法是减少贫困。我有幸以普林斯顿大学访问学者的身份与彼得见面。他自工作以来坚持将 20% 的薪水捐给慈善事业，这一案例完美地说明了如果我们都按照他的功利主义逻辑生活，世界会有多美好。

杰克和吉尔的捐款（同等额度）各自会带来什么好处？杰克捐赠的慈善机构致力于驱虫和抗击疟疾。他根据善举网上的排名选择了这几家慈善机构，该网站对慈善机构进行广泛研究，并根据其产生的收益进行排名（如果你正在阅读本章并考虑捐赠，请登录善举网，既快捷又简单）。吉尔的资金用于支持乳腺癌患者，用于维持为患者排忧解难的求助热线。吉尔的母亲几年前因乳腺癌去世，她对自己捐赠的这家慈善机构有强烈的感情。

杰克的同情和公正产生的整体影响超过了吉尔的同情和偏好产生的影响。在引言中讨论结果主义时，我认为我们做的决定影响我们关心的人时，心里自然有所偏袒。比起关心你的家庭和朋友，我更关心自己的家庭和朋友，你也更关心与你亲近的人。可悲的是，在这一点上，吉尔的母亲并没有受益，尽管她捐赠乳腺癌慈善事业要比不捐好。同理心无疑鼓励了更多人为慈善事业募集善款，这些人以前是不会这样做的。我们也不可以忘记，这比什么都不做要好得多。但杰克选择的慈善事业在净效应上比吉尔的大，因此，在一个令人信服的标准中衡量谁是"更好的人"时，杰克略胜一筹。当我们看到他们捐赠的理由和利他主义的结果时，我们有充分的理由赞赏杰克的做法，即使有些人认为他的"炫耀"看着讨厌。

那么对于我此前大肆宣传的慈善捐赠，我的孩子们又会如何选择呢？显然，他们已经做出了一些选择。我这样做是为了强调，有时人们会因为他们能部分控制的行为（以无家可归为例）而受到严厉的批判，或者因为他们所受影响的行为（作为吸毒者的子女）而首当其冲。所以这个练习既是为了向孩子们灌输我希望他们培养的价值观，希望这些价值观长此以往能带来一系列益处，也是为了批判我两千美元捐赠的直接利益。但是经过深思熟虑，布卢姆对狭隘主义的指责仍在我的脑海里挥之不去。也许还得找时间探讨这一点。

关注结果（后果）而非原因（动机）的一个显而易见的方法是向人们提供他们所寻求的慈善机构的有效信息。但这并不一定会改变人们的捐赠意愿。在与"美国摆脱饥饿基金会"共同进行的一项研究中，若是告知潜在的捐赠者该组织采用"缜密的科学方法"有效促进其慈善工作，比起通过标准筹款电子邮件征集捐助者，反而会降低其捐赠意愿。[30]

因此，可以采取一种不同的方法，最初用激动人心的故事来吸引人们的注意力，然后向其展示残酷的现实情况。杰克使用的网站可以对不同的慈善机构进行联合比较，是一种卓有成效的数据呈现方式。能够看到特定捐赠带来的各种好处，以及在何时有多少人向该慈善机构捐赠，可以更好地帮助浏览者了解每个人行善的状况，我们也更容易利用这些信息来最大限度地扩大其影响。另一种选择是告诉人们，他们最初的判断可能会偏向总体上收益较小的捐赠途径，然后让他们将这项任务交给慈善专家，确保他们的钱流向最需要的地方。

小　结

我们通常认为利己主义和利他主义是相互对立的，后者更代表着道德。在伦理学文献中，有很多关于美德的论述，与利己主义截然不同。有道德使人感觉良好。诚然，我们有能力为他人的利益做出巨大的自我牺牲，但这些行为也使我们有了更高的自我意识。帮助他人并不一定会让我们笑得更多或哭得更少，却可以帮助我们走得更远。那么从帮助他人中受益应该值得赞扬，而不是贬低。我们误导自己把注意力放在利他动机上，却偏离了重要的东西——行为的后果。

我们最好对认为慈善和志愿服务应该以宽宏大量之心保持缄默的叙事提出质疑。我们总想四处宣扬自己的国外假期和可爱的宝宝，但是当谈到我们所做的好事时，却总是说不出口。让我们的善行为人所知，不仅可能激励我们去做更多好事，也可能会更好地影响周围人的行为。如果我们保持沉默，那一系列积极的连锁效应也就无从谈起了。如果你真的不想透露自己的慷慨善行，那至少多宣传宣传自己认识的人所做的善行（也让他们宣传一下你的善行）。

因此，作为父母、朋友、员工和政策制定者，我们需要赞扬出于"自私"的利他行为。社交媒体提供了一个公共渠道，能够分享、促进和鼓励利他行为。我们需要记住，我们应该关心做好事的结果，只有当我们能够利用其背后动机（或淡化它们）带来更好的结果时，才应该考虑做好事的动机。利他主义和其他所有主张一样，其目标应该是尽可能地减少苦难。

当我们批判大卫·贝克汉姆渴求爵士头衔这件事时，应该考虑他通过为联合国儿童基金会工作给成千上万的儿童带来的巨大利益，而不是像一开始那样陷入叙事陷阱对其群起而攻之。毫无疑问，这个世界对他的慈善工作来说将是一个更好的舞台。如果有人能够传话给荣誉委员会的人，那么请告诉他们赶快把爵位封给这位"金鸟奖得主"——贝克汉姆先生。

8 健康

开始介绍这一叙事之前，请先回答以下两个问题。请记下自己的答案，读完第三部分后再来回顾这两个问题。

请阅读以下叙述，并指出在两种生活选项中你会选择A还是B。

> A：你身体健康。你经常感到痛苦。
>
> B：你身体不健康。你几乎不会感到痛苦。

请阅读以下叙述，并指出在两种生活选择中你会为朋友选择A还是B。

> A：你的朋友身体健康。你的朋友经常感到痛苦。
>
> B：你的朋友身体不健康。你的朋友几乎不会感到痛苦。

该社会叙事认为你有责任尽可能保持健康，并且尽可能保障你代表其做决定的那些人的健康。说到健康，我首先想到的是生理健康。尽管精神健康与痛苦有着千丝万缕的关系，此处暂不探讨。事实上，我们可以用抑郁症等精神疾病作为标准，来衡量政策制定者应尽最大努力减轻的痛苦。因此，我不认为关注精神健康是有害的社会叙事。有关健康的社会叙事认为我们每个人都有责任尽可能长时间地健康生活。以健康为话题，免不了考虑长寿。健康状况会影响寿命，因此两者也理应放在一起讨论。

你或许会纳闷，为何要求人们为自己的健康负责也会陷入叙事陷阱。不健康和过早死亡必定会导致痛苦（或者至少与痛苦高度相关）吗？诚然，纵向研究表明，患有心脏病和中风等对幸福感有明显的负面影响。而在英国国家统计局的数据中，身患残疾的人成了最悲惨的 1% 的群体。恶劣的健康状况也会对关心我们的人的幸福产生负面影响。不同社会阶层也在健康和预期寿命上存在严重的不平等，迫切需要我们的关注。

然而，这并不意味着我们每个人都应该尽可能减少不利于健康的风险，如果不愿或不能这样做，也不应该受到苛责。我们关心健康，也关心幸福。当然，健康在很大程度上促进了幸福，但是在我的生活中，心甘情愿地为了我的幸福而牺牲健康的次数绝不在少数，例如每次聚会我都尽可能全身心投入。我们每个人都有不同的机会、限制以及偏好，但健康叙事却因此对我们疯狂批判。考虑到我自己的机会、限制以及偏好，坚守健康的叙事不会让我幸福。

而且，这并不意味着我们不应该不惜一切代价保护和延长生命。遵循健康叙事意味着相当多的资源都被临终关怀占用，这些资源本可以用在他处，减轻更多人的痛苦。不管是自费还是公费，在生命的最后一年要花掉一生中约 25% 的医疗费用。[1] 这些浪费资源的决策应该被废止。

新的健康至上主义

健康至上主义强调每个人都对自己的健康状况负有高度责任。对健康负责的人被视作高尚的人，健康已经成为社会身份的一部分。因此，人们更可能将自己或他人的健康状况不佳归咎于个人健康决策，而非生理构造或生物性因素，而这些问题对健康的影响远远超过个人决策。[2]

"健康至上主义"是美国政治学家理查德·克劳福德在 1980 年首次提出的术语，用来描述意识形态上的转变："将健康和疾病问题置于个人层面。"[3] 那些有资源来提升自己健康水平的人将会因抗衰老成果显著而受到赞扬。与此同时，那些资源较少的人因为身体提前衰老而被鄙视。

可穿戴电子设备、传感探测器和手机数据收集技术的发展，正在将追踪自身健康状况的主动权从医疗保健服务商手中夺回来。因此，随着健康至上主义更加强调个人层面的责任，保持良好的身体健康状况在社会叙事中被推到了前沿。我们的确对那些不符合健康理想标准的人愈加挑剔，他们或是没有能力，或是不像其他人期望的那样重视饮食和健康。

    仅仅因为你身材苗条健美，而且你只吃有机食品，并不意味着你就可以像现在这样批评别人不重视他们的健康。我们真正陷入的风险，就是我们正进一步宣扬保持健康、人人有责的观念。我相信，很多人会发现在社交中分享健康是过一种更为积极、时刻充实的生活的巨大动力。但我想，如果大家再看到穿着印花莱卡紧身裤的蠢货吃掉酸面团上牛油果果肉和荷包蛋的无聊照片时，可能恨不得把手机扔出窗外。

    我们如何评价其他人的健康相关行为在很大程度上与社会阶层有关。正如我提到的，我与工人阶级的健美运动员交情很深。其中许多人都参加了业余比赛。尽管肌肉能带来诸多健康益处，我还是听到过很多对健美运动的贬低和批判。一些我认识的学者形容健美运动"不可理喻"，而健美运动员则是"愚蠢之人"。这样想的话，体脂降到3%，把自己的皮肤晒成古铜色，在舞台上摆出布鲁斯·福赛思的姿势就成了不可理喻的事。但是，这还能比我的中产阶级同事热衷参与的马拉松运动更不可理喻吗？他们还认为马拉松比健美运动更值得称道。

    我们还批判那些参与酗酒、吸烟和非法滥用药物等工人阶级中更突出的不健康活动的人。我在研究中发现，如果能够对一些行为的社会决定因素加以讨论，我们在严厉批判这些行为时就会更加谨慎。[4] 当人们从研究环境回到现实世界时，相对严厉的判断是否会很快重现，这仍然是一个悬而未决的问题。

    从健康叙事陷阱的角度来看，我们需警惕，不可再将关于某些行为好坏的评判上升到道德层面，而是应该关注不同非健康行为带来的痛苦后果。毫无疑问，不健康的生活方式会给受影响的人和与之亲近的人造成极大痛苦。但是，我们中的任何人都很难提前知道自己应该遵循的最佳健康途径。我觉得夜晚出去玩很值得，但我无法确定是否健康。对我们来说，根本不可能知道有着不同偏好、面临不同机遇和限制的其他人应该做什么。因此，对于健康和幸福的其他决定因素之间的权衡，怎样做才是负责任，根本找不到一个放之四海而皆准的标准。

身材批判

为了进一步说明我们在健康叙事的立场上急于下判断，我们来谈谈成人肥胖（儿童肥胖不在讨论之列，因为二者需要讨论的情况截然不同）。肥胖是发达国家最普遍的一种不健康状态。人们认为，肥胖的根源都在于肥胖者自己（而本文的焦点在于这一观点并不属实，肥胖可能源于许多自身无法控制的遗传、社会和环境因素，这是一个悬而未决的问题）。[5] 总而言之，人们不怎么喜欢肥胖人群。

我们通过体重指数（体重除以身高的平方）来对一个人的肥胖程度进行分类。体重指数低于 18.5 是偏瘦，18.5 ~ 25 是正常体重，25.1 ~ 29.9 是超重，30 ~ 39.9 是肥胖，超过 40 是病态肥胖。体重指数无法反映身体的构成（肌肉的密度要高于脂肪），但肥胖以及病态肥胖确实意味着健康状况较差，并伴有早死的风险。[6] 体重指

数不超过 27 的超重，并不会对健康造成什么不良后果。直到 1998
年，超重临界值才被降低，因此更多的人被归为"有体重问题"（美
国约有 3 000 万人），从而增加了减肥药物和肥胖干预的市场。[7]

体重指数与幸福感之间的关系实际上相当微弱。超重并不会打
击幸福，只有病态肥胖才会真正影响幸福感。[8] 因此，肥胖并不会
让人痛苦。肥胖人群的生活满意度低于非肥胖人群，尤其是当他们
被"正常体重"的人包围时才会如此。[9] 因此，影响幸福感的因素
主要是因肥胖带来的耻辱感和被歧视的感觉。[10]

在劳动力市场上，对于男性而言，体重似乎并不重要。但许多
研究表明，肥胖女性的收入明显低于非肥胖女性，尤其是有社交互
动需求的工作岗位。[11] 要么雇主不喜欢肥胖女性，要么顾客不喜欢，
要么前者认为后者不喜欢。有些歧视来自数据统计，因为肥胖的人
往往更易生病请假，或者总体上生产力较低，虽然这些方面只适用
于体力工作。[12] 因此，工资既取决于生产率，也取决于说服力。为
了证实这一点，瑞典的一项研究制作了附有照片的假简历，并将其
发给正在招聘的雇主。[13] 研究人员复制了所有的简历，仅对照片加
以修改，从而使一组照片中的人看起来更胖。脸看似肥胖的申请人
得到面试机会的概率比脸瘦的申请人低 8%。

鉴于我们似乎对胖子有偏见，我们需要找到不喜欢他们的充分
理由。啊，我知道了，是因为他们花了不少钱。是的，就是这样，
胖子大量消耗公共资源，这可不是什么好事。我们都听说过肥胖会
给医疗系统带来巨大开支。似乎新闻报道每天都会提及，肥胖是英

8. 健康

国国家医疗服务体系资金危机的一大重要原因。英国国家医疗服务体系目前用于治疗肥胖的费用约为 60 亿英镑。[14]

这些头条新闻隐含着对那些正在耗尽公共资金的肥胖人群的道德批判，这些钱本可以更好地用在别处。我这么说是因为肥胖成本论并非真实，除非我们能够明确如果没有肥胖人口，公共资金将会花在哪些健康问题上。老龄人群的社会关怀方面也面临着资金危机。肥胖导致的过早死亡限制了老年痴呆症患者的人数，所以肥胖也能省钱。此外，肥胖人群像吸烟人群一样容易过早去世，为纳税人省下了巨大的养老金成本。此外，肥胖者吃得更多，为经济做的贡献更多。因此，与选择身材纤瘦来保持长寿的人群相比，肥胖人群可以为福利体系节省一大笔资金。根据做出的假设，以及我们对现在和将来的成本的评估，用于治疗肥胖症的成本可能与治疗其他疾病的成本不相上下。

不管怎样，先想想成本论有多荒谬。如果我们只关心公共财政，鼓励人们吸烟不是更好的选择吗？长期吸烟者的平均死亡年龄比不吸烟者少 10 岁，在医疗开支高昂的年纪为医疗服务减轻了负担。[15] 他们患上肺癌后，死亡过程极其迅速，花费还低。但是节省养老金开支才真正是国库从吸烟中获得的意外之财。解决养老金"黑洞"的一个好方法是鼓励中学生每天吸 40 支烟。我们不这样做是因为我们担心棺材和保险箱都会早早装满。

由此看来，我只能得出这样的结论：关于肥胖的成本上涨论是由健康叙事势力和对不健康人群苛责的道德批判驱动的。这也有助于说明工人阶级的肥胖率比中产阶级高得多：[16] 正是那些肥胖懒惰的工人阶级让我们苦心经营的国家医疗服务体系逐渐陷入瘫痪。

好吧，说完成本论，再去寻找另一个我们不喜欢肥胖的原因——我们关心人类的健康。这是许多医生——尤其是从事公共卫生工作的医生——的观点，这也符合社会叙事，即我们有责任尽可能活得健康、活得长久。许多医生会告诉病人要采取健康的生活方式，不一定（甚至一定不）是因为这样做会带来幸福，而是因为每个人对自己、家人和社会都有责任保持健康。

作为一名行为科学家，我意识到，我们许多健康方面的决定，就像生活中其他方面的决定一样，都受到了误导。但是存在健康风险的行为不一定就是错误的，因为我们关心的不仅仅是健康。2016年，英国有137人在工作中死亡，其中大部分发生在建筑业、农业以及制造业。还有更多的人因工受伤。当然，就业人口的基数要大得多，因此死伤率相对较低：目前工伤死亡风险约为二十五万分之一。尽管如此，这些行业里的每个人都在健康与收入之间进行权衡。虽然这些行业的平均工资低于全国平均水平，但这些行业的工人的工资可能要比其他行业的高。（值得注意的是，137例死亡中有133例是男性，鉴于他们从事的领域，我们可以确认他们大部分都是工人阶级。绝对人数可能太少，以至于得不到决策者和记者的关注。但如果某一特定地区97%的死亡率集中在中产阶级妇女中，我敢肯定会吸引更多的关注和担忧。）

我们也非常愿意用健康来换取直接的幸福收获。当然，有许多人冒着生命危险暴饮暴食，这些都是不容忽视的严重问题。许多人在做出选择时受到严重限制，我们必须比目前做得更多，以应对健康的经济和社会决定因素。尽管存在这些系统性挑战，但很多人只是喜欢吃比萨和巧克力，如果不了解他们的机会、限制和偏好，我们就不能对他们做出批判。

问题在于，我们在健康上做出的牺牲是否会在增加其他决定幸福的因素（如收入）或直接增加幸福感中得到补偿。明确这一点的唯一方法就是理解一生的幸福源于所有我们可能做出的选择和权衡。这当然不可能在实践中计算出来，但它确实提供了一个基准，原则上可以用来判断我们所做的一切。你一生的幸福（充分考虑如何影响他人的幸福）是对包括暴饮暴食在内的任何行为正确与否的最终裁决……

我希望在变老之前死去

寿命方面的健康叙事概括起来就是大量用于临终关怀的资金。如果这些开支源于患者、家庭和决策者深思熟虑的决策，那么这些成本还算合理。当健康状况恶化时，患者在做治疗决策时可能会变得更愿意铤而走险。例如，研究表明，大多数癌症患者会决定接受激进而昂贵的治疗，尽管可能带来的益处微乎其微。[17]

有关希望的叙事在推动治疗决策和开支合理化的过程中发挥着关键作用。希望的特点就是认为明天会比今天更好，至少不会比今天更糟糕；希望不需要证据。希望被认为是一种积极的激励状态，它推动着目标导向的使命感和实现这些目标的周密计划。[18] 许多证明保持希望能带来益处的研究都是在健康状况不佳的人群中完成的，在这些人群中，希望越小可能意味着生活质量越低。[19] 临终关怀中充满希望的叙事与毅力、适应力和勇气有关。[20] 相比之下，当希望破灭时，比如当人们确信自己患有亨廷顿氏病时（误诊的可能性很高），他们会减少对工作和生活的投入。[21]

因此，对未来生活的希望所带来的益处对生命垂危或面临高死亡风险的人有着很高的价值。如果希望可以提高人们对生命的感知价值，它可能会鼓励人们参与、推广并愿意支付要价不菲的治疗来延长生命。由此可见，珍视自己或他人生命的人会投入更多资源来延长生命，并批判不珍惜生命的人。一些研究表明，对疾病预后抱有不切实际的积极期望的患者比那些没有期望的患者更有可能接受有创治疗。[22] 希望对患病亲属的看护者尤其重要，尤其是对绝症儿童的父母来说。[23]

但空有希望有时会导致无法接受现实情况，一味推进治疗，哪怕治疗只会降低余生的生活质量。[24] 运用希望的叙事也可能改变某人对一生中所期待的事情的看法。具体来说，它在他们希望的状态和实现的状态之间产生了更大的差异。这导致了更为严重的负面情绪反应。还有一种强劲的趋势，将希望与更高的治愈率联系起来，进一步阻碍了患者接受自己实际的生存率。希望站在接受现实的对立面。与专注于维持未来生活的希望相反，接受现实的目的是增进对当下生活的珍惜。测试表明，接受自己现状的病人不太可能接受治疗来延长生命。

来自医生的建议在一定程度上让病人将希望与治疗联系起来。医生经常在告诉病人真相和掩盖疾病严重程度以使病人保持希望之间产生矛盾（因为谁也不知道怎样选择才是对的）。[25] 在美国，在一项针对欧洲、南美和加拿大医生的大型邮件调查中，当被问及病人是否愿意被告知自己患绝症的真相时，每组医生的平均回答都趋向于"非常赞同"。[26] 然而，只有 26% 的欧洲医生认为他们的病人想知道真相。医生对病人的偏好判断可能没错，但是我怀疑告诉病人病情的真相，帮助其专注于适应而不是延长希望，才是对病人更好的选择。

很容易看出，希望是一个非常容易操纵的概念，医疗从业者用它来证明他们可能在专业上非常擅长证明工作方案的合理性。在西方文化中，提供临终关怀通常基于"医疗"方面的考虑，因为通常认为人类能够干预和预防疾病。因此，重点往往首先放在治疗上，尽管治疗会越来越贵，越来越伤身体。[27] 医生也可以从越来越贵的治疗手段和药物疗法中获得经济利益。做一些冒险和复杂的事情看起来很好，即使它可能并不好。

病人维持生命的压力往往因家庭成员而加剧，需要让他们感到自己已竭尽全力来最大限度地求生，但这种偏好可能也不符合自己的长期利益。家庭成员往往不得不带着关于所爱之人痛苦地消殒的回忆生活，而不是早早平静地接受他们的死亡。过世的家人和朋友将活在我们脑海中，时常怀念他们也能使我们获得幸福。我们怀着对他们的回忆继续生活，有益于遗产的传承（传承那些对我们来说重要的东西）。由于许多对亲人的回忆都形成在生命的最后几个小时、几天或几周内，因此亲近的人也要确保这些回忆不被破坏。

最重要的是，患者和家庭成员之间存在着复杂的互动，所有人都试图猜测其他人在想什么。他们可能会尝试做符合其他人愿望的事情，尽管这可能不是自己真正想要的。也许有一天，每个人都会同意安乐死，只要他们能够沟通好。与之相反，他们都错误地认为其他人（除了自己）想要保住生命，所以他们会在患者同意停止治疗之后继续为其治疗。

考虑到这一切，我不得不问，明知希望渺茫，在生命的最后时刻还要接受昂贵的有创治疗是否值得。看起来不止我一个人对此心存怀疑。在最近对欧洲七国近 1 万户家庭的调查中，大约 75% 的人选择"在临终时选择更好的生活质量"，只有 2% 的英国人表示自己会选择延长寿命。[28] 根据美国健康与退休研究的结果，写好遗嘱的人绝大多数会选择有限或舒适的治疗，而不是穷尽一切办法接受治疗。[29] 上述一切表明，在人们的临终选择中，舒适是一个非常重要的考虑因素。然而，这么做的前提是假设人们能够知道何时是自己生命的尽头，但鉴于希望能够影响我们对这一节点的认知，所以人们的感觉并不总是准确的。

请注意，这些是在独立情境下做出的选择，而人们在当场选择治疗方案时的心境，除了包含自己对生病的情绪反应之外，也可能

8. 健康

受到来自家庭成员和医生的压力的影响。作为一名健康经济学家，我发现老年人明显更倾向于提高生活质量，而非延长寿命。[30] 然而，医疗保健专业人员一直以来都优先考虑延长寿命。为了克服这种偏好选择，患者将不得不主动要求选择其他方面。但是，正如我们从行为科学的经典实验中所知的，反对权威是非常难的。[31]

人们想要的归宿和实际的归宿总有差异。根据英国全国丧亲人口调查的最新证据，4/5 的受访者表示更希望家是自己的归宿。[32] 但值得注意的是，这些偏好会随着时间的推移而改变。例如，在患者健康状况恶化时，他们可能会寻求进一步治疗。另一项研究表明，大约 1/5 的人在临终时改变了自己的选择，（出于对剧烈疼痛、减轻监护人负担，以及监护人无法在家中安全护理病人等考虑）临终之所从家里变成了医院。[33]

死亡的"医学化"意味着超过一半的人在医院结束生命，据预测，到 2030 年，英国只有 1/10 的人会死在家里。[34] 死亡的医学化是一个相对较新的现象：50 年前，大多数人死在家里。这种变化主要是因为现代科学能力的提高，但这也带来了一些医学专业人士的傲慢态度，他们认为无论在什么情况下，延长患者的生命都是可能的，也是可取的。

然而，活得更好和活得更久是两码事。关于希望的社会叙事可以在绝望中完全蒙蔽决策者，这恰恰是在他们最需要明智建议的时候。有时对最好的情况怀揣希望对我们有好处，但有时我们必须做最坏的打算。有时自欺欺人对我们有好处，但我们不能忘记生命注定终结的基本规则。一些"虚假的希望"可以在危机时刻——例如在诊断出绝症时——帮助我们，但是有一天希望会变成抗拒接受现实，抗拒接受现实会变成对有限的时间和资源的忽视。

面对现实对垂死之人与面临死亡的家庭来说，都是非常令人沮丧的。但是我们需要把失去希望重新定义为一种健康的接受，而非绝望。充满希望的事迹听起来很英勇。例如，我们歌颂那些"与癌症斗争到底"的人。但是那些濒死之人通常会在生活中经历积极的后果。[35] 也有证据表明，当姑息治疗被纳入患者的治疗方案后，患者的症状得到控制，心理痛苦程度降低，并且生活质量也得到改善。[36]

因此，如果我们要减少临终时的整体痛苦，就需要为死亡和延长生命写一则英雄叙事，并明白何时该退出。死亡不可避免，坚持与死亡抗争的英雄叙事会使我们都成为失败者。

否认死亡

我们巧妙地提到了引起激烈辩论的安乐死话题：过早结束某人生命以减轻其痛苦。这显然是一个复杂的、与政治有关并影响深远的议题，具有根深蒂固的道义立场，但却缺乏对政策推行后果的有力证明。我主要讨论的是自愿安乐死，即病人同意医生帮助他们死亡（间接为病人准备药物或直接给病人用药）。这总是被拿来与非自愿安乐死及强制安乐死做对比。非自愿安乐死是指病人无法决定是否接受安乐死，如处于不可逆昏迷状态的病人；而强制安乐死

8. 健康

则是病人明确表示不想死。在大多数司法管辖区，自愿安乐死是合法的，通常不需要医生采取任何行动，例如在已经病入膏肓的病人病情进一步恶化时发出"不要复苏"的通知，而非自愿安乐死是非法的。

因此，最有趣的讨论集中在自愿安乐死，或"协助死亡"上。在世界上包括英国在内的许多国家，协助死亡是非法的。也有一些值得注意的例外。在美国，州法律允许在俄勒冈州、佛蒙特州、新墨西哥州、加利福尼亚州、科罗拉多州、华盛顿哥伦比亚特区和蒙大拿州采取协助死亡。在除蒙大拿州以外的所有州，病人提出两次死亡请求必须至少间隔 15 天，并且经诊断病人的生命在预后剩下不足 6 个月。在蒙大拿州，协助死亡需得到法院的批准。日本也出台了一个初步的法律框架，允许实施协助死亡。这一法律框架规定，病人必须患有无法治愈和无法忍受的身体疾病，对病情来说死亡须为不可避免的结果。

在德国，只要没有人协助（如扶着手），病人就可以服用致命药物鸡尾酒。这项权利只授予那些患有严重不治之症并自主决定结束生命的患者，而且必须得到德国联邦药物研究所的批准。加拿大、瑞士、比利时、卢森堡和荷兰的条款也只要求疾病不可治愈（而非濒死）即可接受安乐死。在所有不同的规定中，都要求病人必须在完全清醒和心智健全的情况下提出请求。在除荷兰以外的所有地区，必须年满 18 岁才有资格申请协助死亡。在荷兰，即使监护人没有最终否决权，16～18 岁的人也必须征求其监护人的意见，12～16 岁则必须征得监护人同意。重要的是，这些国家都认识到了超越濒死之时的痛苦。

死亡会带来诸多痛苦。濒死之时，人们会经历长时间的极度不适和痛苦。尽管如此，许多国家不允许协助死亡。这意味着有一些潜在的强有力的论据反对它。那些允许安乐死的国家提出的限制便是其中一部分问题。请注意，所有条例都规定，安乐死的病患都需确诊为无法治愈，以防有机会好转却因死亡而前功尽弃。另请注意，还需确认患者有能力深思熟虑并做出连贯一致的决定。我们的主意变来变去，是因为大多数决定在大多数情况下都可逆。但我们不能扭转死亡，因此我们需要确定实施安乐死是否正确。

如果我们采用消极功利主义的观点，把减少痛苦作为我们的目标，那么还有其他需要警惕的问题。首先是该决定的实质合理性，应明确采取安乐死来减少痛苦是否合理。仅仅做出一个连贯一致、深思熟虑的决定是不够的：从理论及其他因素来看，如果死亡是更好的决定（而不仅仅是上策），那么未来的前景中活着一定比死去糟糕。

虽然我们永远不知道会发生什么，但数据表明人类低估了自己适应负面变化的能力。[37] 即便没有任何不良健康状况，许多人也说自己活着不如死了一了百了。[38] 事实上，我们能比想象中更好地应付现实。当做出选择和选择生效之间的时间跨度较大时，我们会对未来幸福的预测犯下最严重的错误。与预测明年摔断腿的后果相比，我可以更准确地预测本周摔断腿会有什么影响。[39] 在感觉最糟糕时，我们也很难准确预测未来的幸福，因为我们在预测时会将现在的感觉投射到未来。[40]

由此可见，如果满足以下三个条件，我们可以更加确定选择死亡实际上更加合理：

1. 病人对他们的疾病有足够的经验，能够对未来的影响做出很好的评估；

2. 尽可能在接近预期死亡时间时做出决定，以便更好地预测健康状况不佳的影响；

3. 若条件允许，确保赴死的决定在不同的情绪状态下都保持坚定。

病人访谈显示，1/4 要求安乐死的人在临床上患有抑郁症。[41]很遗憾，我们没有掌握类似健康状况但不要求安乐死的人的抑郁率可比数据。尽管如此，那些想死之人中的抑郁症患者的高比例使一些人认为，在这种情况下，想死的愿望不能被认为是一种连贯一致的、经过深思熟虑的决定。[42]比利时、卢森堡和荷兰是仅有的接受患有无法忍受的精神疾病且没有相关生理问题的人提出安乐死请求的国家。

在大多数允许安乐死的司法管辖区，患有无法治愈的精神疾病的人没有获得与患有无法治愈的生理疾病的人同样的死亡权利。其主要原因是，与身体健康相比，精神方面的不可治愈性有更多的不确定性：严重身体残疾的人根本不可能康复，而抑郁的人却可能会突然痊愈。但是，告诉二十年如一日过着难以忍受的痛苦生活的人，必须坚持生活下去，总有一天生活会好起来，这是否就合理呢？

比利时最近有一个非同寻常的案例，艾米丽是一位长期患有抑郁症和精神健康问题的 24 岁女性，要求获得选择安乐死的权利。[43] 艾米丽从小就患有严重的精神疾病并发症。她回忆说，她在三岁时就表达了死亡的愿望，感觉生活就是一个活生生的地狱。她经常自残，并多次试图自杀。在艾米丽最终获得结束生命的许可之前，需要提供符合要求的医疗专业人员以及家人和朋友的证词。这是一个漫长的过程，人们非常仔细地评估了死亡以及她有朝一日过上幸福生活的可能性。

这个案子的非同寻常之处在于，一旦艾米丽的死亡许可获批，她的精神状态就会得到改善。她会重获自己早已遗忘的感觉，理解生活的价值，减轻绝望的感觉。其他人对她的死亡愿望的接受，似乎证明她的斗争得到了关注。他人的接纳极大地治愈了艾米丽，最终，她放弃了安乐死。获准选择死亡的权利似乎挽救了她的生命。艾米丽的案例有力地提醒我们，（自己和他人）角色接受对于行为改变起到了极为重要的作用。

总的来说，我们需要尽可能地相信，允许病人拥有死亡的权利比强制他们活着更好。在大多数情况下，患者在做出决定时会考虑对家庭的影响。应该由病人来决定他人的选择对自己有多大的影响。然而，许多亲近的人会给病人施加巨大的压力，让他们继续活下去，而其他人可能会迫使病人早日结束生命。关于安乐死的文献对后者表达了更多的关注，但前者也在说服病人违背自己的最大利益。

我们在第二部分中看到爱经常以一种控制的方式表达出来，肯定会有很多人向自己的近亲含蓄地建议（也许有时会明确地指出）："如果你爱我"，就该坚持活下去。如果以一种自由的方式表达爱意，我们应该支持亲近的人为他们自己做出正确的决定。正如父母应该尽量不参与孩子是否要下一代的决定一样，孩子或配偶也应该尽量不干预父母或伴侣安乐死的决定。

病人有可能遭到胁迫，早于自己的意愿时间接受安乐死，因此需要制定保障性措施，确保家庭成员的选择不会对病人产生不当影响。瑞士关于安乐死的法律强调，安乐死的执行人需与被执行人无任何利益关系。[44] 然而，据我所知，没有什么能严格阻止家庭成员对病人进行有预谋的干预。因此，为了保护病人，在大多数司法管辖区，申请安乐死许可时必须有一名以上的医生签署的同意书，英国安乐死委员会的建议亦是如此。[45]

除了说服个人违背自己最大利益接受安乐死之外，反对安乐死的人还认为，批准安乐死会导致"社会沦陷"，全社会都会开始认为越来越多的状态生不如死，从而侵蚀生命的神圣性。然而，据我所知，病人一直以来都是弱势群体。并不是说没什么变化，只是有什么变化我们也无从得知。

几项研究调查了病人选择安乐死去世后对亲属感受的影响。其中一项研究在俄勒冈州进行，抽取了三组样本：（1）接受安乐死处方的患者家属；（2）获得安乐死处方但没有得到处方的人；（3）不追求安乐死的人。研究结果表明,三组家属在与病人的关系和整体死亡质量方面有着相似的感受。[46] 但第一组患者的家属对安乐死做了更为充足的准备。这个小组还提出在死亡时感知到了更好的临终质量。另一项研究在荷兰进行,发现 92% 的家庭认为安乐死主要通过避免或了结痛苦,对他们所爱的人在临终之时的生活质量产生了积极影响。[47]

相当长一段时间以来,直觉一直告诉我要反对安乐死。我很清楚人类适应逆境的能力有多强,预测逆境的能力有多差,因此对任何预先指示,我都严重怀疑其实际合理性。我还担心,有的人会迫不及待看着想要摆脱的亲人离世。但是,在更详细地研究了安乐死之后,我对现状十分满意,即使在法律较为宽松的国家,采取的保障措施也比较有力,以便在高度控制和有限的环境中减少痛苦。但对于有些情况我们需要警惕,例如最近有报道称,在荷兰成功实施安乐死的人中,有 7% 被归类为"厌倦生活"。[48] 而这种松散的分类可能会使脆弱的个人面临风险,因为他们的症状本可以通过其他方式得到更好的处理。因此,如果我们要避免滑向那种极端,就必须制定严格和详细的规则。

小　结

健康至上主义方兴未艾。我们越来越沉迷于身体健康和预期寿命,蔑视那些故意把自己的健康置于危险之中的人,即使我们对他们

8. 健康

的机会、限制或偏好一无所知。我们钦佩那些与死亡抗争到底的人，尽管我们可能不知道这样做会产生什么成本。这些批判源于认为健康对人类有益、长寿胜于短命的社会叙事——每个人都有责任最大限度地促进自己的健康状态。

健康至上的叙事一直以来把身体健康放在首位，损害了心理健康。精神有问题的人群只有 1/3 接受了治疗，而每个生理有问题的人都会去寻求治疗。患有神经性厌食症（具有最高死亡率的心理健康问题）的人经常被拒绝，因为他们的体重不足以"接受治疗"。这导致许多患者进一步减重，让症状符合治疗的要求，以早日得到治疗，而进一步减重则会导致康复率降低。这是发达国家的耻辱。

一生的幸福既取决于幸福的多少，也取决于幸福感的持续时间。谈到预期寿命，适用于临终关怀的希望社会叙事可能会伤害个人，导致稀缺资源分配低效且不公。假设病人必须不惜一切代价追求存活，会带来不必要的压力，牺牲病人自己和周围人的幸福。在为他人做决定时，我们需要从生命的数量转向生活的质量，这样才能更好地为病人提供保守治疗，以提高他们的幸福感，更重要的是为那些死亡在所难免的病人采取保守治疗。在严格监管的条件下，我们还应该允许人们要求身边的人协助结束他们的生命，而不必担心那些提供帮助的人会受到起诉。

事实上，如果我们向公众展示另一种支出选择的机会成本，我对自己控制健康叙事的能力感到相当乐观。艾伦·威廉姆斯是约克大学的健康经济学教授，对我早期的学术生活影响很大。艾伦·威廉姆斯是"公平养老"论的积极倡导者：随着年龄的增长，人们获得医疗保健资源的权利应该减少。[49]该领域的大部分实证工作广泛支持这一观点，人们更倾向于优先考虑大限将至的儿童。[50]艾伦写道："徒劳地追求永生对老年人来说是危险的行为。"随着年龄的增长，我愈加同意这一论点。

9 自由意志

开始介绍这一叙事之前，请先回答以下两个问题。请记下自己的答案，读完第三部分后再来回顾这两个问题。

请阅读以下叙述，并指出在两种生活选择中你会选择 A 还是 B。

A：你坚信自己可以自由选择你所做的一切。你经常感到痛苦。

B：你不确定能够掌控自己所做的事情。你几乎不会感到痛苦。

请阅读以下叙述，并指出在两种生活选择中你会为朋友选择 A 还是 B。

A：你的朋友坚信自己可以自由选择自己所做的一切。

你的朋友经常感到痛苦。

B：你的朋友不确定能够掌控自己所做的事情。

你的朋友几乎不会感到痛苦。

叙事改变人生

最后一个要讨论的或许是范围最广的社会叙事是我们依自由意志行事：即对自我行动享有相当程度的自由意志。在很大程度上，我们每个人都可以自由选择生活方式。因此，我们可以在这些选择的基础上评判他人（还有评判自我）。我们可以根据他人（或自我）的行为是否符合我们的预期（通常围绕着其他社会叙事来加以评判）来以尊重或蔑视的态度对待他们（或我们自己）。我们对人们行为——包括（但不限于）他们遵循特定叙事的程度——的评判都是基于意志这一概念。

随着理解的加深，我们逐渐可以在四个决定因素中选择一个或多个来理解人类的行为：

· 遗传影响；

· 社会环境；

· 决策背景；

· 随机性。

明确地说，这里提到的随机性，指的是纯粹偶然的结果，完全不可以在掌握更多信息后归于其他三个原因。理解叙事陷阱，意味着让不按照社会既定规则生活的人（甚至按照自我规则生活的人）能够放松下来。但这并不意味着可以放松对行为后果的处理。事实上，恰恰相反，唯一需要我们关注的就是行动的后果——我们行为的任何动机都应根据其对结果的影响来看待。

9. 自由意志

为了便于阐述，我将这些因素依次作为主要决定因素加以讨论，但是其间的相互作用可以解释绝大部分人类的行为。例如，表观遗传学展示了不同环境如何激活某些特定的基因。倾向于某种行为方式是远远不够的，环境需要通过行为反应来激活基因。但是你应该发现关于主要影响的证据本身就足够令人信服，足以证明自由意志的作用是微不足道的。

一切尽在基因中

人类基因组项目是一个国际科学项目，旨在绘制……没错，根据人类基因组图谱估算，我们每个人都有 20 000 ~ 25 000 个基因。[1] 人体内每种基因各有两组，从父母中各遗传一组，因此父母影响着孩子的相貌、思维、情感及行为。这里有太多的东西可以讨论，因为证据基础在不断扩大，但我想对教育浅谈几句，毕竟教育是追求叙事的一大重要因素。最近对来自 102 个群组的 354 224 人进行的一项研究发现，遗传多样性与更高水平的认知能力和教育水平之间有着很强的正相关关系。[2]

事实上，基因对学术成就的影响最大。伦敦国王学院行为遗传学教授罗伯特·普罗明已用世界上最大的涉及 10 000 对双胞胎的纵向研究证明了这一点。[3] 他发现，在英国普通中等教育证书考试和甲级考试中，儿童成绩的差异至少有一半可以归因于其基因差异。我们通常认为，对孩子的教育要花重金、花时间，为孩子选择最好的学校就读，而事实上学校之间的差异最多占学业成绩差异的 20%。让我特别感兴趣的一个发现是，兄弟姐妹之间的智商平均差异是 13 分，比两个随机选择的人之间存在的 17 分差距并不会低很多。[4]

基因也会影响幸福。一项有趣的研究着眼于幸福、优势、乐观和父母等因素之间的关系，发现青少年的幸福感与父母——尤其是父亲——的幸福感呈正相关。[5]然而，幸福与遗传因素或共同生活环境中的因素的相关度有多大，目前尚不清楚。一项对 615 个收养家庭和原生家庭的纵向研究表明，从父母到孩子的幸福转移事实上主要是遗传的结果，而不是耳濡目染或环境影响的结果。[6]这项研究发现，在原生家庭中，家庭内部的幸福水平相关度更高，因此表明检测到的幸福水平更可能是遗传而非环境的影响结果。

社会环境

由于无法控制自己的基因，我们很快就会忘记基因才是人生命运的主要决定因素。我们更愿意接受（往往却不愿为此努力）的一个决定因素是社会经济地位的作用。父母的社会地位和收入很重要。在美国，如果父母能将家庭收入提高 1%，那么子女入读大学的可能性会增加 0.7%。[7]有趣的是，这种效应在整个收入分配中是恒定的（即线性的）。因此，无论贫困家庭的孩子略有脱贫，还是富裕家庭的孩子略增财富，父母收入的增加都能提高孩子的大学入学概率。

9. 自由意志

如果说，父母和孩子的身高有很大关系，你一定不会惊讶。但令人惊讶的是，父母和孩子的收入之间也存在着与身高一样的正相关性。从社会底层奋斗到社会顶层的概率，与身高 167 厘米的父亲生出身高 185 厘米的孩子的概率是一样的。这种事情不是不可能，但却不是常态。如果你想变得高大，父母就要足够高大；如果你想变得富有，就要生来富有。

似乎生来就处于劣势还不够惨，现在有证据表明，贫困带来的压力也会在生理上产生不利影响。除此之外，贫困会减少你大脑的表面积，增加你肥胖的概率。[8] 生于贫困的人也更有可能经历创伤，创伤通过扰乱重要的神经调节过程影响生理和心理发展，导致包括犯罪在内的问题行为反应。[9] 有新的证据表明，美国 90% 的少年犯经历过某种童年创伤。[10]

我完全无法理解，任何一个明智的人，只要通过反省就能明白，更不用说证据就摆在眼前，却自欺欺人地相信，不论背景如何，只要足够努力就能取得成功。

环境很重要

1999 年，心理学家丹·韦格纳和塔利亚·惠特利进行了一系列实验来观察大脑做决定的过程。[11] 他们发现，人们做出选择和意识中感知该决定之间有 1/4 秒的延迟。你们中的许多人会熟悉大脑中"自主"神经系统 1 和"思维"神经系统 2 之间的区别。现在，

175

值得一提的是，大脑中并非真的只有两个系统——显然它要复杂得多，但这两个系统有着明显的区别，可以用来说明环境和认知的不同影响。系统 1 已经进化到对环境刺激在不知不觉中做出反应。[12] 如影随形，随时待命，时刻参与。它毫不费力、反应迅速并自动完成。它在潜意识的背景下运作。我们每天都要做成千上万个大大小小的决定，系统 1 确保大部分的决定都毫不费力，而且总的来说，该系统让我们的生活变得更易于管理。

但是，如果系统 2 意识到系统 1 做决定的过程，则可能会感到极为困惑。例如，让我们来看一下光的亮度对行为的影响。人们发现，昏暗的环境可以提高创造力，甚至减少卡路里的摄入。[13] 相比之下，明亮的环境可以提高诚实度。在一项实验中，中国台湾的大学生随机分配到低、中、高三组光照条件中的一组。[14] 实验结束时，假装是由于疏忽而给参与者多发了酬金，并反复向其强调确保自己拿到了"应得的"金额。低光照组中只有 50% 的学生归还了额外的钱，但高光照组中有 85% 的学生归还。在现实世界中，很大程度上路灯越多的街道，发生的犯罪越少。至关重要的是，在以上这些或其他"启动效应"研究中，参与者通常没有意识到决策环境对自己产生了影响。

有文献指出，这类"启动效应"研究（缺乏）的可复制性存在严重问题，这些问题不应该被低估。即使不能总是完全确定时间、地点、对象，我们也不能被环境中无意识的暗示所影响。我们还需要认识到我们所做的事在多大程度上受到了环境中无意识暗示的影

9. 自由意志

响。没人会说灯的亮度决定着自己的诚实度。因此，我们轻易地在系统 2 中为我们的行为找些虚假理由。事后为其找理由为我们的行为提供了一整套连贯描述，但这些理由通常与真正驱动我们的因素没什么关系。我们倾向于认为自己的行为不受环境的影响，然而环境却能准确解释我们诸多行为的动机。

这也是一件好事。我们需要做太多的决定，但如果每一个决定都要深思熟虑，那脑袋非炸掉不可。但相比之下，"环境论"的想法象征自由并鼓舞人心，因为"环境论"让我们抱有希望，通过改变环境来改变行为。人的注意力有限，而真正需要思考的是如何分配注意力才是最佳方案。我曾将其比作在公园里遛狗。你的狗跑入公园后，你就无法有意识地指挥它跑来跑去了，但是你可以选择带它去哪个公园。在类似情况下，你不能决定如何应对情境触发因素，但你的确可以决定接触哪些触发因素。

当然，有时我们可选择的公园数量有限，对于在哪里及如何分配注意力，我们也不能完全掌控。例如，那些额外认知能力不足的人会在思考如何支付账单时备感负担与压力，比起大脑可以自由思考的人，他们在智力测试中得分更低。这一点可以在两种截然不同的人群身上得以体现：新泽西购物中心的消费者和在印度务农的蔗农。[15] 在购物中心的研究中，消费者通过许多不同的测试来测量自己的智商和冲动控制能力。在此之前，一半的人被问及如果自己的车需要修理，费用为 150 美元，他们会怎么做。另一半也被问及同样的问题，但他们了解到的维修费用是高达 1 500 美元。研究人员比较了年收入高于或低于 7 万美元的人在每次测试中的得分。对于 150 美元维修费用，不同收入群体在智商和冲动控制措施上没有表现出差异。但是把维修费用提高到 1 500 美元后，低收入参与者的表现远不如富裕的参与者。当你经济不宽裕时，支付高额维修账单就是一项压力大且认知能力要求高的任务，其对工作表现的影响无异于通宵干活。

这样的结果深深影响着我们如何归责。我们可能不再把富人和穷人之间的行为差异看作定义两者的"特质"差异，而是与资源的丰富或匮乏有关的"状态"差异。事实上，这是更好的初步假设，因为有研究表明，在资源出现短缺后，富人的表现和穷人并无二致。

虽然我们有时可能会把自我行为归因于环境——逃税是因为我缺钱，而不是因为我是个骗子，但我们总是完全根据潜在性格来解释他人行为——他人逃税根本就是因为这个人是骗子。在解释他人行为时，我们倾向于更重视内部特征，而不是外部因素，这被称为基本归因错误。[16] 这种偏见是心理学研究的核心概念，也是我们评判他人的核心所在。我们只能观察人们的行为，却无法看出其行事动机。因为比起混乱的世界，我们更喜欢一个有序的世界，我们凭自己生活中的叙事从他人的行为外推自己对这个人的评价。[17]

理解行为的环境驱动因素在制定公共政策时尤为重要，因为在制定公共政策的过程中，决策者往往对其代表的人群居住的环境和关系知之甚少。身处富裕阶层的我们可能从没真正意识到，资源稀缺以上述方式影响着贫穷人群的行为。

9. 自由意志

出生日期的随机性

命运的一个决定性因素是随机性，它会扰乱我们的生活，而我们真的不愿接受这一点。从我们每个人随机出生在贫困或优越环境中的那一刻起，我们身上发生的许多事情，都是偶然的结果。运气在各个方面都很重要，而且在决策者和父母经常选择忽略的方面也不可小觑。

在英国和美国，有确凿证据显示，同一学年出生较晚的学生（"夏季婴儿"）在学业上处于不公的劣势。[18] 他们接受同样的教育，而他们的大脑与同龄人相比却发育较晚，处理信息的能力跟不上。孩子还小的时候，大脑正快速发育，能力上的差异尤为明显。随着时间的推移，这种差异会减小，但 16 岁正是学生做出人生重要抉择的时候，而此时这种差异仍影响深刻。"夏季婴儿"通常体格较小，运动方面也难以超越他人。

关于班级规模对学习的影响（实际上影响很小）已有不少人谈过，而关于八月份出生的英国孩子的天生劣势就鲜有耳闻了——而对此进行的研究则少之又少（换句话说，根本没有）。我对此尤其烦恼，因为波比出生在四月，更糟糕的是斯坦利出生在七月下旬。斯坦利实际上在大多数运动方面都很擅长，如果我和妻子有先见之明，将怀孕时间推迟六周，那他在同龄人中一定会很了不起。

自欺欺人

尽管运气有很大的影响，但我们讨厌运气，生活因此变得不可控，而人类喜欢能够掌控一切的感觉。运气总是不明不白，恣意妄为，剥夺我们的能动性，粉碎我们对事物施加的影响，人类甚至无法解释运气。拿运气来做解释，我们觉得被欺骗了。用运气来解释实在是牵强附会，因为它根本就不是一个真正的因素。因此，即使运气爆棚，也不能把成功的原因归于运气。

加州大学伯克利分校进行的一项有趣研究表明，即使游戏明显受到操纵倾向于一方，人们还是乐于将自己在垄断游戏中获胜归因于个人天赋。[19] 在这项研究中，参与者被告知他们在游戏中能通过掷硬币赢取特权，包括额外的骰子、两倍的钱和额外的出棋步数。比赛结束后，参与者被问到自己为什么会赢得比赛（结果早就能料到）。参与者在回答中详细讲述了自己在整个游戏中为取胜做出的努力；他们更习惯于相信自己对必胜的结局功不可没，而否认机遇的重要性。

如果回到 100 年前，我们会认为自由意志在行为中起到更大的作用。而关于 100 年后人类将何去何从至今悬而未决，但我预测，受真正意志"干扰"的行为将几乎消失。仅剩的自由意志只能重排泰坦尼克号甲板上的椅子，而操纵这艘船的是我们无法控制的因素

9. 自由意志

（并不是说你的生活一定像一艘撞到冰山的船，但我们可以做此类比）。但是人类倾向于认为自己可以控制船的方向。在一个以多种方式复现的实验中，受试者被要求用假按钮控制随机闪烁的灯光。虽然灯光随机闪烁，但人们完成实验后认为灯光的闪烁大部分都是由自己控制的。

然而，即使无力掌控，给自己能够掌控一切的信念也是有益的。一个明显的案例就是，布鲁诺·贝特利海姆在分析纳粹集中营中关押的人采用的生存策略时观察到了这一现象。他发现最有可能生存下来的人总能设法保护自己避开纳粹控制独立活动的空间。之后的研究表明，自我缺乏掌控感会引起压力增加、疾病发作和许多其他精神健康问题。上一章中艾米丽的故事强烈印证了这一点。

相信自己能控制行动，也可以让我们更有动力取得好的结果。当实现目标的动机更强时，人们会变得更注重行动，从而带来更好的结果。根据职场绩效评估，相信自由意志能带来更好的工作绩效。研究还表明，自由意志还能通过提升归属感来提升人们的使命感。虽然这些研究并非证明了其因果关系，但展示了感知的作用和幸福之间的重要关系。

佛罗里达州立大学的罗伊·鲍迈斯特对自由意志的重要性进行了大量研究。他和同事发现，比起自由意志信念较弱的学生，自由意志信念较强的学生更愿意抽出时间来帮助同学。同样，通过"科学已经证明自由意志是一种幻觉"这样的陈述来坚定自己观点的人，把钱给无家可归的人或把手机借给别人的可能性就会更低。相比坚信自由意志的人来说，被诱导而动摇自由意志信念的人也更有可能在考试中偷看答案，或者逮住机会偷钱罐里的东西。[20]

神经科学研究表明，破坏对自由意志的信念也会影响较低层次的大脑信息处理过程。例如，阅读否认自由意志的文章后，人们在完成简单任务（如按下按钮）时，与任务准备关联的神经网络激活会受到抑制。在这项研究中，侵蚀人的自由意志并没有改变人们对何时意识到行为意图的预期，这表明否认自由意志的影响发生在潜意识中。

不要在他人问题上自我欺骗

虽然我们感觉有自由意志对个人来说通常有益，但相信他人出于意志行事通常无利于社会正义。例如，任何人只要足够努力就能成功的想法刻意忽视了现代世界系统性的不平等。与其费力营造永远不会发生的机会平等，不如审视如何最好地对资源重新分配，以产生评判下的公平结果（考虑到我们对这些结果几乎没有控制权）。这个问题更好处理。

然而，作为社会中的一员，我们当然认为仍然坚持天赋和努力应当而且往往就是决定成功的因素。长期以来让我感到奇怪的是，当人才的培养几乎完全由基因、环境、背景和运气决定，而自由意志下的努力对其无法左右时，为什么如此多的人还认为社会如此丰厚地奖赏人才无可厚非。也许是因为，比起运气，我们认为天赋与

9. 自由意志

好结果的关联更大，而取得好结果才是获得奖赏的正当依据。如果奖赏额度与好结果成正比，如果我们能对在人生竞赛中失败的平庸之辈加以补偿，我可能会接受这种解释。但是社会中可见的严重不平等现象表明，天才接受了过度的奖赏，而平庸之辈却被亏欠许多。

对大多数人来说，直觉告诉我们，我们无法改变天赋，只能更好地掌控自己付出的努力。我们被认为在努力程度上有诸多选择。西方社会靠"美国梦"的意识形态吸引我们努力奋斗，即如果你努力工作，你就可以成为任何你想成为的人。这渗透到自由民主国家的方方面面，主导了我们对成功的理解。努力不仅源于自由选择，还被视为是成功的主要决定因素。

直觉告诉我们，与天赋相比，我们有更多选择努力的自由意志，这也支持了社会流动的观点：选择努力工作，就能实现成功。但是我们真的能选择自己努力的程度吗？答案是我们根本就不知道。很可能渴望努力并身体力行去努力工作在很大程度上（甚至完全）是由基因、环境、背景和运气决定的。

这个观点已得到支持，人们发现孩子和父母的职业道德之间存在关联。荷兰最近的一项调查这种关系的研究发现，男性的职业道德同他们过去与父母的关系质量相关，而女性的职业道德则不然。[21]该研究还发现，青少年的工作方式和他们与父亲的关系质量之间存在关联（而与母亲无关），这可能是因为男性承担养家糊口的传统责任。虽然需要进一步的研究来厘清这些联系是否存在着因果关系，但遗传影响和（或）早期社会化似乎在这些联系中也起到了作用。

所以，仅仅认为自己选择要努力工作，并不意味着你渴望实现并有能力付诸行动。这并不是说你对生活的改变无计可施：我要是认为这是真的，也就没必要写一本书了。这只是说明你高估了自己的掌控权（从《设计幸福》一书中可以看出，改变环境是改变行为最有效的方式）。

面对更有说服力的证据，还要继续讲述"成功奋斗"的叙事，主要动机就是我们渴望一个公正的世界。对公正世界的信念对于遏制焦虑和减少不确定性起到了至关重要的作用。在一个快速变化的世界里，这种叙事就像是温暖又毛茸茸的安全毯，在极不平等、极不公正的严酷事实下保护我们免受伤害。但是，如果我们相信生活在很大程度上是努力的结果，那我们就不会对不平等现象反应如此强烈了。努力工作的叙事对社会上最不幸的人造成了极大的伤害。

讽刺的是，向上流动的那些人最不可能将成功归因于运气。[22]这是因为从赤贫走向富裕的人渴望把自己的成功归因于努力工作和不懈毅力，并因此认为其他人也能像自己一样成功。同样，对烟民批判最强烈的通常是戒掉烟的人。其中逻辑很简单："既然我戒掉了，为什么你做不到呢。"这也是完全错误的。由于难以察觉的因素和随机性，戒掉烟的人和无法戒断的烟民之间会有很大的差异。

此外，那些从赤贫向富裕过渡的人可能会将注意力放在周围大多数成功人士所拥有的明显特权上，因此他们更容易忽略自己略显低调的好运。我经常将自己成功的原因概括为一点点的聪明加许许多多的运气，但这个解释却不为大多数人接受，甚至曾经是工人阶级的人也并不认同。所以，我们不能再指望那些曾经贫穷的人去为再分配而斗争。

我们只有接受生活中大部分结果源于无法掌控的因素这一事实，才能恰当地判断生活中的许多不平等是不公平的。至关重要的是，事实上我们对自己的行为少有自我意志，这意味着对于他人的行为是否或在多大程度上满足本书中提到的叙事，我们可以适当放松，不必苛求。我们许多人与生俱来易受财富、成功和教育等更加诱人的某些方式的影响。然而，我们都应该警惕起来，实际上关于这些欲望的理想化观点很大程度上由社会建构所塑造。生活中许多事情都超出了自己的控制，接受这一点就可以将自己从追求叙事和"我本可以赢得更多"的危险心态中解放出来。

说到关系叙事，我们每个人都有重要的个人偏好需要满足（绝大多数都预先确定了）。你可以更容易接受这样一个事实：你可能永远都无法满足所有人的"交往"要求。例如，你可能不适合结婚。即便你适合结婚，现在你也能够接受很多人不适合结婚，并且避免因此而对他们另眼相看。

说到负责任，在评价他人帮助别人的动机和方式时，还有面对拿牺牲健康做交易（如换取幸福）的人，在评价他们的动机和方式时，我们都可以学着更加谦逊。我们抛弃妄想，理解自由意志，最终接纳别人为追求幸福做出的选择给了我们更大的自由。

影响才最重要，对吗

我们看到，对自由意志的信仰在个人层面上颇有帮助，但在评判他人时就没那么有用了。所以你现在可能纳闷，如何平衡两个看似不一致的自由意志信念。将注意力转到影响上有可能实现这一平衡。即使所有的行为最终都可以追溯到遗传和环境的干预，我们仍然要为我们对周围人的影响负责。不论你认为我们享有多大的自由，这都是成立的。有趣的是，如果有人提醒那些在上述研究中自由意志信仰崩塌的人，他们仍然要为自己的影响承担责任，那么他们是否仍旧会表现得那么糟糕呢？

法庭是影响和问责展开辩论的典型场景。一旦神经科学不断发展，为每种行为配上神经元标记，那么可以预见，违犯法律的人将会越来越少。如果我们能证明"我全是听从大脑指令才这样做的"，那么善恶之间的区别就变成了一个简单的生物学问题。

你可能会惊讶地发现，这就是事实啊。最近的一项研究调查了2015年以来英格兰和威尔士法庭使用神经科学证据的204起案件。[23]然而，这些案件仅限于针对定罪或判刑的上诉，但涵盖了一系列罪行：谋杀、暴力犯罪、不诚实罪、性犯罪和驾驶罪。大多数对定罪的上诉都失败了，但超过一半的有关刑期的上诉都取得了成功。美国法院似乎更愿意接受将犯罪行为理解为一种医学疾病。美国最近的一项研究报告称，5%的谋杀案和25%的死囚案以神经科学和行为遗传学作为证据。[24] 尽管这些证据从未对判决起过决定性作用，但对判决确实有影响。

这表明，即使动机无法自由选择，我们仍可以选择惩罚行为的后果。在量刑时，法律制度考虑了行为（罪行）和意图（犯罪心理）。要证明被告有罪，两者都必须满足。意图当然会改变影响：你是无意碰到还是因心情烦躁恶意殴打，会影响我对鼻子骨折的感觉。但鼻子骨折的事实不会因此改变。即使是无意拿肘部碰伤我的鼻子，你也需要承认你的行为后果是伤害了我，我的鼻子也需要得到修复。

如果关注犯罪的原因有助于进一步防止犯罪，从而减少未来的影响，那么也是值得去关注的。然而值得注意的是，犯罪学家花了太多时间集中研究罪犯，却很少花时间研究犯罪对受害者的影响。也有例外，比如我以前在谢菲尔德的同事乔安娜·夏普兰，她一直坚定地认为我们需要进一步理解犯罪和司法程序对受害者的影响。当受害者被问及他们的偏好和感受时，他们普遍希望"正义得到伸张"，这意味着他们总希望犯罪的影响得到罪犯和司法系统的重视，只在特定案件中需要犯罪者解释犯罪动机。

现在，我猜一些人在判断慈善捐赠等善行时，会认为其意图在很大程度上都无关紧要，但当涉及犯罪行为等不良行为时，会对轻描淡写罪犯的动机而感到困扰。这与诺布效应是一致的，诺布效应是以当代美国哲学家约书亚·诺布的名字命名的。[25] 他构建了下面的思维实验，在这个实验中，一个只关心利润最大化的首席执行官决定采用一个有利于提高利润的新计划。[26] 假设首席执行官知道该计划将有益于环境,你会认为他是打算造福环境吗? 只有 1/4 的人这么认为。但是,如果该计划会破坏环境,又会怎样呢? 现在你认为首席执行官本打算伤害环境吗? 超过 4/5 的人都这么认为。

有趣的是,这表明在判断一个行为的后果是好是坏之前,我们可能并不清楚这个行为是否是有意的(进而我们可以追究其责任)。诺布的实验对我们理解如何判断行为意图和影响做出了重要贡献。同样,背景很重要。但是我们不应该把叙述相关的内容与影响在规范上的重要性混为一谈。首席执行官应该为自己对环境的影响负责——而不管他是否有行为的自由意志。

我们很少有人为了害人而做坏事,但做出的坏事却总是给别人带来很大的伤害。因此,说"我不是故意的"可能是真心的——但造成的伤害也是真实存在的。作为伤害的实施者,我们需要为减轻我们造成的伤害承担责任,而不是通过"我不是故意的"来为自己开脱。这种"我不是故意的"的心态是自尊的产物:面对批评,我们自私地想保持自己值得称赞的形象。要让他人感觉更好,就需要将胸有成竹的注意力引回到我们这里,说来还是挺讽刺的。

小　结

我们倾向于认为自己可以自由选择,我们也可以评判别人的选择。但是对自由意志的信仰会引发具有破坏性的情绪反应。如果我们

9. 自由意志

相信有人通过自由意志选择伤害别人，正常的反应是不安、愤怒和责备。我们的行为通常受这些情绪影响，却不会充分意识到其影响。视自由意志为幻觉让我们有更大的空间去采取行动，从而真正地影响决定好坏行为的根源。[27]

规矩行事与行为不端，成就和失败，实际上都取决于设计能力，而非意志力。通过将对自由意志的评判与对影响的评估分开，我们可以更有效地处理自我和他人行为的后果。我们不断提醒我们的孩子，无论意图如何，都需要警惕自己的行为产生的影响。至少，这才是我们的意图。我们也要提醒他们，在学术和体育方面取得的成功，以及他们自己的幸福，都要归功于自己的运气以及努力和才能。并且也在很大程度上归功于他们的父母，他们对睡觉时间毫不妥协。

不是所有的事情都可以在家里做。学校系统可以通过简单地改变考试时间来更好地抵消不利因素。在英国进行的研究表明，当每两年世界杯和欧洲冠军杯同时举行时，工人阶级男孩在普通中等教育证书考试中表现欠佳。[28] 工人阶级的孩子更喜欢足球，这分散了他们对学业的注意力，使其在同龄人中处于明显的劣势。我非常清楚这种感觉：1986 年，英格兰队在墨西哥参加世界杯时，我参加了甲级考试。英格兰在四分之一决赛中输给了阿根廷（多亏了迭戈·马拉多纳的"上帝之手"和他的世纪进球）——我确信我的数学考试因输球的痛苦而失利。一旦我们直接关注结果，解决方法就很简单：在考试中改变。

公司可以通过依靠更客观的标准（如技能测试或完成工作相关任务，而不是面试）来减少招聘时的隐性偏见。如果你必须采取面试的形式，则务必采用结构化的面试：事先设定关键目标可以降低你对偏见的敏感性。[29] 希望专注于工作的员工可以通过在规定时间内关闭手机，或者将手机留在另一个房间来消除短信和电话的潜在干扰。[30]

　　一旦决策者接受世间诸事大多无法控制，他们也将逐渐无法接受不平等的幸福。人们不会选择痛苦，许多导致他们痛苦的错误选择根本不是真正的选择。从这个角度来看，不平等的幸福差别在不公平上。因此，我的公共政策口号是："从靠运气而活，到为幸福而活。"

本篇总结

　　采取消极功利主义观点的好处，最明显地体现在消除负责任的元叙事对人们的伤害。只有我们从中获得了一些东西，我们才可能对自己在乎的人更加无私，对没有明显关系的人更是如此。更多情况下，我们应该根据后果的好坏而非其声明的动机的好坏来判断行为的好坏。如果我们因其动机并非出于利他，就贬低而非赞美善行，那么我们不仅在羞辱理智的亲社会人群，还对人们行为的理想动机抱有不切实际的期望。这为世界带来了更多的痛苦。事实上，一味坚持利他主义往往会适得其反。

　　关于健康的叙事会给人们带来痛苦，延长痛苦。重新考虑将健康作为一种受限的选择而非无限的责任，对于那些不愿或不能修身养性来保持健康和长寿的人来说，严厉的苛责就会有所减少。它将允许我们适当考虑人们在健康和其他决定幸福的因素之间的权衡，并冷静地判断这些因素是否能够使幸福最大化，而不是仅仅因为这些因素无法最大限度地保持健康而匆忙下结论。那些身患绝症并正在接受治疗的人所承受的无谓压力也将因此消失，在继续生存和体面的死亡中做出真正的选择，并将资源释放出来，用到最需要的地方来减轻更多的痛苦。

我毫不怀疑，如果我们接受这一事实，即我们的愿望、意愿和能力是由我们几乎无法控制的因素决定的，那么最悲惨的人理应得到最好的待遇。虽然我们每个人都可以从自欺欺人中获得个人利益，骗自己一切行为都出于自我意志，如此便让社会对最底层的人造成了难以接受的伤害，自欺欺人地认为他们自己的痛苦生活一定程度上是自作自受，减轻痛苦也是他们自己的责任。

你在社会中的地位几乎已经预设，由不得自己决定。我也一样。我们都不该忘记，自己曾对成功之人毫不吝啬溢美之词，却对还未成功的人轻蔑鄙视。命运就像中彩票一样充满随机性，这意味着我们每个人都需要竭尽所能减少成败双方之间的不平等。让我感到不舒服的是，像我这样在社会阶层上实现跃升的人，往往最容易对没能成功的人严加苛责。

那么，结果又来了。请参见图 12。总而言之，受访者表示最愿意拿幸福来换负责任的元叙事。至少有 1/3 的人说，即使感到痛苦，他们也会主动让自己去追求其中一项叙事。就健康叙事而言，整个样本的数字约为 2/3。我和同事马特·阿德勒以及乔治·卡韦索斯进行的一项更大更严格的研究证实了健康的重要性。我们询问了英国和美国的 13 000 名普通公众，他们是选择幸福生活，还是选择高收入、身体健康、家庭、事业成功或受教育的生活。与大多数叙事相比，幸福才是首要选择，但是当谈到健康叙事时，超过一半的人选择身体健康而不是幸福。[1] 就像"追求叙事"一样（与"关系叙事"相反），这三个负责任的叙事似乎在美国比在英国接受度更高，也更重要。和所有的叙事一样，当为他人而非自己做选择时，人们更有可能把幸福放在叙事之前来考虑。

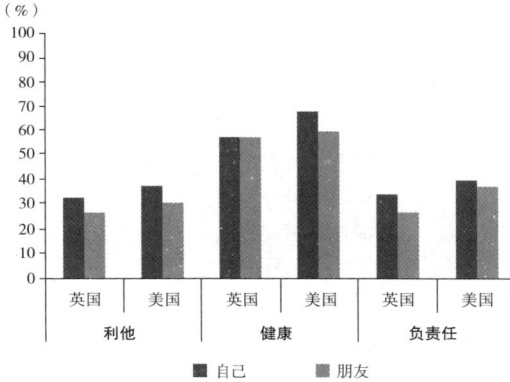

图 12　为自己和为朋友选择 A 生活（叙事）和 B 生活（快乐）的百分比

结　语

社会叙事会困住自己，也会困住周围的人。我们总是无法注意到社会叙事，即便注意到了，我们也会发现自己很难接受从小听到大的叙事竟然弊大于利。大多数叙事最初都很吸引人，但让你开心一时并不代表能让你开心一世。打个比方，你的船有漂浮物支撑，但这些漂浮物并不能阻止他人的船下沉。按照严格的规则和指示生活，那么我们仅存的一点点自由意志也会被带走。我们需要摒弃关于美好生活的先入为主的想法，不要强行将这些想法付诸实际；既是为了我们自己，也是为了我们能影响到的人。关键的一点是，生活的方式从来就没有"一刀切"的模板，我们不应该被现有的想法禁锢。

不要再对自我耿耿于怀

克服由社会叙事驱动的错误偏见，关键在于关注幸福。重要的是我们经历了些什么，而不是我们声称自己经历了些什么。对幸福持续监控是一个庞大的工程，因此可以采用经验法则来解决。遵循本书中讨论的社会叙事有时能减少痛苦，有时却不能，还有些时候无从得知。我并不是要你放弃这些叙事，不再将其作为自己的原则。与建议你盲从叙事一样，让你放弃叙事也是愚蠢的行为。对于叙事来说，何时该坚定，何时该放弃，因人而异，因时而异，位置不同，背景不同，也会有不同的选择。

我告诉自己，在伦敦政治经济学院工作总的来说比在家附近一所普通大学工作能给我带来更多快乐，因为在这里可以教育聪明的学生、与聪明的同事共事、有更好的合作研究机会、享受政策扶持和公众参与，这些好处抵消了日常通勤的痛苦。我确实认为我在伦敦政治经济学院更快乐，但也可能是我错了，相反，我可能会为成功叙事所困，总体上更加痛苦。

该叙事经常要求我关注重大决策，认真考虑职业选择以及是否结婚等问题。但我们不能忘记，幸福是当下时刻的体验。《别为小事抓狂》是理查德·卡尔森几十年前的一本畅销书，许多人仍然用这句话来提醒自己或他人：不要因生活中的小烦恼而抓狂。[1]但幸福（和痛苦）可以从小事中找到：在与朋友欢笑（或哭泣）时，在呼吸新鲜空气（或雾霾）时，在与陌生人进行有趣（或下流）的交谈时。"别为大事抓狂"实际上是一条更有用的建议。例如，与其思考如何致富，不如把注意力放在如何确保每天晚上能有充足的睡眠上。搞清楚获得幸福的途径实属不易，但正如我在《设计幸福》一书中指出的那样，在日常活动中快乐总是有迹可循的。

我们还要记住，我们关于叙事和幸福之间权衡的研究结果——比起为朋友做选择，人们在为自己做决定时更受叙事驱动。因此，给朋友提出建议时，叙事的影响可能有所减少。时不时可以听取朋友的建议，也可以给朋友提提建议。长此以往，每个人都会从叙事中渐渐抽身，获得一些自由。古老的格言"己所不欲，勿施于人"应该改为"己所不欲他人之事，勿施于己"。行为科学更新了耶稣基督的信条。

代表他人做决定

在代表他人做决定时，我们显然会受到"追求""关系"和"负责"叙事的影响。可以说，父母在影响他人行为方面可谓一骑绝尘，他们极为坚定地认为孩子应该按照本书中讨论的叙事来生活。我认为大多数父母都希望孩子接受高层次教育，获得成功，还要结婚生子。不仅仅是（有时甚至根本不是）因为父母认为这些叙事能让孩子幸福，还因为他们想让自己开心。越来越多的父母，生活只围着孩子转，四处炫耀孩子工作找得好，就能让自己高兴大半天。

我希望所有做父母的，都能允许孩子追求对自己有益的生活，不去考虑是否遵循叙事，也不要考虑做父母的对孩子遵循叙事的感受。不管我可能会对波比和斯坦利施加怎样的隐性压力，我都肯定不会做那种自私的父母——对孩子施压，命其生育，这样就可以抱孙子了。我很感激我的父母从来没逼我要孩子。也可能正是出于这个原因，我到40岁才有孩子。到这个年龄，心态已成熟很多，如果早10年当爸爸，我肯定会手忙脚乱搞得一团糟。

叙事改变人生

我感到十分自豪和幸运，我母亲把我培养成了一个心胸开阔、平等公正的人。在各种社会问题上，她都走在时代的前面：她对同性爱情的宽容让我印象深刻，要知道这一态度在当时的社交圈里并不是主流。我母亲的社会态度与我外祖父母极为不同，这让我相信我们能够打破主流的叙事。我希望波比和斯坦利能够接受同样的核心价值观，他们甚至可能比我更积极地去支持这些价值观。

那些有能力影响除自己孩子之外的更多孩子的人，比如在教育行业工作的人，也可以在中小学和大学的课程中真正加入不同的价值观和学习方式，为因社会阶层和出于其他与偏好有关的原因而遭到歧视的人大力发声。这不仅是公平的，也是有效的。

那些在组织中掌握权威的人也应该对绩效指标定期进行批判性评估，并思考如何在采取将不同背景纳入考虑范围的更宽泛评价标准后，提高产出的成果。真正接纳多样性可以提升个人经历，扩大职业收益。接纳多样性需要的不仅仅是将更多人口纳入决策考虑（而大多数关于多样性的讨论都止步于此），[2]也需要从态度和观点上接纳多样性，兼收并蓄，接纳不同。

如果你是一名研究者，你可能会更关注叙事对人类行为和幸福的影响。叙事是学术研究的无形基石。学者们以客观性为幌子，将自己的叙事纳入研究中。因此，我号召所有研究者，考虑一下叙事是否以及在多大程度上对自己研究议程的目标产生了影响。所有使用生活满意度来测量幸福的研究者，都默认社会叙事应该是幸福的一部分。他们可能都赞同这一观点，但我希望他们能够站出来明确捍卫这一立场。要摆脱"一刀切"的生活方式，研究团队就需要摆脱对平均值的执念。例如，平均值自然反映了普通人的幸福指标，但我们每个人都是独特的，自然不符合平均值反映的信息。

作为一名研究人员，我也难免陷入叙事陷阱。事实上，在写这本书的过程中，我自己的先入之见也受到了冲击。高等教育对个人和社会的益处微乎其微，我对此深感惊讶。我在学术界的一些同事对此很难接受，没读过大学的人却丝毫不惊讶，不觉得有什么问题。我也改变了对安乐死的看法。将要实施的保障性措施，扫除了我对"社会沦陷"的担忧。

作为决策者，可以考虑用"减少了多少痛苦"，而非采用与叙事相关的结果（如收入），来作为评价政府层面干预的指标。与伦敦政治经济学院的理查德·莱亚德和英国前内阁大臣古斯·奥多内尔（内阁会议中坐在首相旁边的人）一样，现在在向决策者建言献策时，我会利用一切机会向他们发问：如果把减轻痛苦作为一项政策施行的目标，他们采取的行动会有什么不同。简单回答这个问题，就是精神健康比想象中要重要。目前，只有 1/3 有常见精神健康问题的人接受了针对病情的相关治疗（没法与生理疾病的诊治率相比）。接受治疗的人，也都经历了漫长的等待过程。[3]

作为一名政治家，你也许会提醒公众注意其他政治家和政党宣扬的叙事，并在尽量减少痛苦的基础上提出一个更有说服力的社会叙事。我理解逆着社会叙事的潮流而行动很难，但我乐观地认为，提倡超越自我、进一步接受彼此交往的不同方式并明确提倡对自己的行为负责，这样的政策建议，可为新民粹主义运动奠定基础。

我非常尊重普通人。我在伦敦东区长大，对"电缆街战役"等事件着迷。1936 年 10 月，一群无政府主义者、犹太人和爱尔兰人在奥斯瓦尔德·莫斯利领导的黑衫党试图在警察的保护下穿过伦敦东区时与其对峙。[4] 反法西斯分子奋力战斗，而莫斯利撤退了。公众抗议的直接结果是法西斯主义开始失去民心（至少我小时候听别人反复提起，所以这一定是真的）。我希望我们能再次迎来这种民粹主义浪潮。这样的民粹主义可以避免我讨论过的一些叙事陷阱。

摆脱对"追求"元叙事的依赖将会把我们从"全球化和新自由主义一定能造福社会"的神话中解放出来。不管你个人获益多少，他们都有充分的理由不这样做：少数变得非常富有、成功并受过教育的人似乎没有获得多少幸福；越来越多的穷人、做着糟糕工作的人和没有受过教育的人却因自己的现状而愈加痛苦；还有夹在中间的那些人并不像他们想象中那样快乐，社会期望他们为更多成就而奋斗。通过采取"适可而止"的方法，富人会更愿意将资源转移给穷人，不用牺牲任何幸福，便可以给他人带来强烈的幸福感，而处于中间的人会对他们已有的东西更知足，获得更大的幸福感。

摆脱"关系"元叙事将我们从社会保守主义中解放出来。现在，如果你是一个社会保守主义者，你显然会抵制对元叙事的破坏，但仍然可以自由地追求婚姻生活和一夫一妻制并养育自己的孩子。本书中讨论的，仅仅是不允许你将自己的价值观强加给别人，他们也不能将自己的价值观强加于你。各谋其事，过好自己的生活。

摆脱"负责"元叙事，意味着我们能够阻截业已过时的党派的参政权，该党派认为，只要心怀"成功梦"并付诸实际，努力工作，任何人都可以"成功"。尽管个人的反馈很重要，但比起其他叙事来说，负责的叙事更可能阻止任何严肃对待权力的政党把减少人民的痛苦当作本应严肃对待的事情。

我们要多加提防，切不可被根据动机而非影响来对行为做出评判的诱惑所迷惑。从道德上看，关注原因是不合理的，而关注结果则颇有说服力。要想阻止不公平现象，我们就必须关注不公平现象带来的伤害。当然，我们也可以把不公平现象归因于贫困等问题，但前提是不要让受害的人再承受责备，而现实中多数情况下却总是在苛责他们。责备那些受到负面影响的人只会恶化现状，并不能消除这些影响。至于提出穷人懒惰或是穷人不配，实际上并不能帮助他们应对日常的财务困境。几乎不会有人选择活得痛苦。

反思这三个元叙事，我发现基于"追求"的社会叙事极为强烈地约束着工人阶级，而基于"关系"的叙事则牢牢地控制着女性的行为。或许有点儿讽刺的是，如果工人阶级在基本生活水平之外逃避财富、成功和智慧，他们就能够最大限度地免受严苛的批判，这也可能是导致现状的职业原因。至少对应当结婚、遵守一夫一妻制并生育孩子的观点加以质疑，这一定会使女性受益匪浅。就负责任的叙事而言，女性自私自利会受到比男性更严厉的批判，而工人阶级用健康换取生活中的其他乐趣则会遭到蔑视。社会中最不富裕的人（包括黑人、亚裔和少数民族）比起证据所呈现的，通常被认为对自己的生活条件有更大的掌控权，他们可以自己主动做出改变。

因此，尽管叙事总是服务于当权者的利益，但在哪一群体最能发挥作用将取决于背景。这意味着我们需要更加细致入微地讨论"叙事歧视"中的"真正"挑战。谈到财富，关键因素是阶层；谈到性行为，关键因素是性别，这都不足为奇。但这提醒我们，我们需要了解歧视的特定背景，以便确定更需为谁的事业而战。以此对背景保持警觉，可以防止我们陷入关于"阶级、种族或性别哪一因素最重要"这令人烦心且制造分歧的争论中。每个因素都有其独特的重要性，且环境不同，三者的重要性也相对略有不同。

欢迎来到现代世界

违抗社会叙事对我们来说是极大的考验。社交媒体如今发挥着强大作用，让这项任务变得更为困难。我在书中的不同部分都提到了社交媒体，它正在改变叙事的本质，例如改变了成功的定义。总的来说，在我看来，社交媒体已经让人们看到根据主要叙事来实现成功的重要性，并还在对其进行夸大。当善行得到更多人关注时，就会变得更加普遍。社交媒体让数百万人能够见证、欣赏并羡慕你实现的成就。现在也有巨大的经济回报得到认可，比较克里斯蒂亚诺·罗纳尔多和约翰·克鲁伊夫的影响力和市场潜力便略知一二。

社交媒体也使我们更容易为自己构建新的身份来隐藏自己的真实身份，然后将自己包装成想要成为的人。我们可以掌控哪些图片可供人浏览，哪些图片该藏为隐私。我们可以选择喜欢的风格来包装自己，并发布经深思熟虑的观点来提升自己的形象。除此之外（与现实生活极为不同），我们可以根据与他人互动中的反馈来删除或编辑帖子，从而将自己的脸面和身体粉饰一番，并在社交上取得成功。这一切让我们能够塑造自己的特殊形象，从而在主流社会叙事中出任主角。

社交媒体充当了我们的数字面纱，这也不是什么新鲜事。在现实世界中遭到反对的行为，却在社交媒体上大行其道。屏幕后的我们用着匿名账号，与网友隔着千山万水，我们不必为自己行为的后果负责：我们不会受罚，也不会明白自己伤害了多少人。在社交媒体这种环境下必定会滋生更多不良行为，我们也很难知道该如何应对。我们不应该去限制言论自由，没有人享有不受侵犯的权利，因此或许我们应该更好地提高现有法律（如针对煽动犯罪行为的法律）的执行力度。

诚然，我有一些相关的数据可以证明，在线社交会让人痛苦。我们对 7 000 名德国人数据的分析表明，比起快乐组的人，痛苦组的人中使用脸书、照片墙和推特的频率要高得多。比起快乐组，痛苦组的人更有可能参与在线活动，如度假中或结束后在社交媒体上传照片或更新状态。

但社交媒体并不总是带来凄惨与无望。社交媒体也可能促使反叙事群体的形成和强化。拥有超 80 万支持者的"极简主义"就是反叙事群体之一，它主动提倡减少开支，强调可持续生活。脸书上还有一个拥有超 2 万关注量的"拒绝生育"小组，供那些拒绝生育的人分享经验并推广好处。这可以很好地平衡主流叙事，但也有可能在各自认同自己美好生活的群体之间引起对立，看看职场母亲和全职妈妈之间的激烈辩论就知道了。

虽然这听起来只是巧辩，但我们仍要强调社交媒体不是问题本身，我们只是不知道如何控制对社交媒体的消费。根本没有任何指示告诉我们不要再浏览社交网络。我们设立了酒精许可法来管控其成瘾现象，那么我们也需要对社交媒体的使用加以监管。20 世纪 90 年代初，我在约克大学工作，那时酒精已被从午餐饮料清单中剔除（我的导师艾伦·威廉姆斯还对此颇为不满）。虽然在实际操作中更为棘手，但我们如今应该尝试着对社交媒体施加同样的监管。

来自"工人阶级英雄"的最后一句话

在"灵感之光"节上和我搭讪的那个人，我在引言中提到过他，他非常清楚，我以特定的方式行事是出于责任。对他来说，我在"扮演工人阶级英雄"，并非字面上英雄的样子，这令人颇为反感。从网上对我的一些评论来看，他并不孤单。值得一提的是，我最喜欢的一句话是"或许戴上不愉快的眼镜就能找到幸福？或是戴上年轻人叛逆的手表"。这是在回应一张我为《卫报》撰写的一篇文章所拍摄的我戴着白色眼镜和运动手表在健身房的照片。《卫报》对种族主义和性别歧视内容的评论进行了调整，但显然没有对阶级歧视侮辱进行调整。

我写道，我不喜欢读虚构的作品，却遭到了其他学者和媒体的严厉批判。因此，我不仅要遵从伦敦政治经济学院教授在工作时的行为叙事，还要以符合刻板印象的方式度过闲暇时间。我时常觉得有必要主宰自己的身份，因为我不符合人们对我职业生涯的期望，也不愿稍稍隐藏自己的身份。这有时让我很痛苦。但也有很多人感谢我，说我似一股清流，有时还能启发别人，所以我会继续实实在在地逆着叙事坚持下去。我并非伪善，我之所以站出来，是为了鼓励更多人来挑战传统。这样做并不是为了什么纯粹的利他主义，我也从与众不同中得到了个人的益处。反抗原则很少会是什么快乐的事情，却总是有意义，但它不应该总让人感觉如此艰难。

那些觉得融入社会、工作或其他地方更像是义务的人，如果你们真的想以与主流社会叙事不一致的方式行事，我希望你们能免受责罚。最终，只要我们在这些问题上有任何选择，每个人都必须决定好，什么时候循规蹈矩，什么情况下与众不同。我们每个人都应该以尽可能减少自己痛苦的方式生活，适当考虑我们的行为对他人的影响。

代表他人做出决定时，我们也应该遵循痛苦最小化原则，一视同仁。对一些人来说，有时这意味着我们的行动要遵循与追求、关系和负责的元叙事相一致的方式。但当然不是我们所有人都会这样，也并非任何时候都是如此。试图遵从一个叙事而不可得会带来耻辱，而从一开始就不遵从叙事会带来另一种耻辱。有的人放弃了那些根本不适合自己的社会叙事，我们应该对他们报以更大的尊重。

非常感谢你与我一同做到了这一点。谨以此书献给逃离"叙事陷阱"的人，希望本书尽绵薄之力助你过好的生活——多一些自己选择，少一些他人评判。

为我们所有人逃避完美生活的神话，并得到永远的幸福，干杯！

注 释

前 言

1 Dolan, P. (2015), *Happiness by Design: Finding Pleasure and Purpose in Everyday Life*. London: Penguin.

2 Jay, K. L. and Jay, T. B. (2015), Taboo word fluency and knowledge of slurs and general pejoratives: deconstructing the poverty-of-vocabulary myth. *Language Sciences*, 52, 251–9; Giordano, F. (2016), The relationship between profanity and intelligence. *Yale Review of Undergraduate Research in Psychology*, 16.

3 Jay, K. L. and Jay, T. B. (2015), Taboo word fluency and knowledge of slurs and general pejoratives: deconstructing the poverty-of-vocabulary myth. *Language Sciences*, 52, 251–9.

4 Generous, M. A., Frei, S. S. and Houser, M. L. (2015), When an instructor swears in class: functions and targets of instructor swearing from college students' retrospective accounts. *Communication Reports*, 28 (2), 128–40.

5 Cordova, J. V. (2001), Acceptance in behavior therapy: understanding the process of change. *The Behavior Analyst*, 24 (2), 213–26.

6 Hechter, M. and Opp, K. (2005), *Social Norms*. New York: Russell Sage Foundation.

7 Fiske, S. T. (2009), *Social Beings: Core Motives in Social Psychology*. Hoboken, NJ: John Wiley & Sons Inc.

8 Dominique, J. F., Fischbacher, U., Treyer, V., Schellhammer, M., Schnyder, U., Buck, A. and Fehr, E. (2004), The neural basis of altruistic punishment. *Science*, 305 (5688), 1254–8; Raine, A. and Yang, Y. (2006), Neural foundations to moral reasoning and antisocial behavior. *Social Cognitive and Affective Neuroscience*, 1 (3), 203–13.

9 Pratto, F., Sidanius, J., Stallworth, L. M. and Malle, B. F. (1994), Social dominance orientation: a personality variable predicting social and political attitudes. *Journal of Personality and Social Psychology*, 67 (4), 741.

10　Atkinson, A. B. and Brandolini, A. (2013), On the identification of the middle class. In J. C. Gornick and M. Jäntti, eds., *Income Inequality: Economic Disparities and the Middle Class in Affluent Countries.* Stanford, Calif.: Stanford University Press, 77–100.

11　Natcen Social Research. *British Social Attitudes* (2015). Retrieved from http://www.bsa.natcen.ac.uk/latest-report/british-social-attitudes-33/social-class.aspx.

12　Dolan, P. and Kudrna, L. (2016), Sentimental hedonism: pleasure, purpose, and public policy. In Joar Vittersø, ed., *Handbook of Eudaimonic Well-Being.* Switzerland: Springer International Publishing, 437–52.

13　Gamst, F. C. (1991), Foundations of social theory. *Anthropology of Work Review*, 12 (3), 19–25.

14　Walker, A. D. M. (1974), Negative utilitarianism. *Mind*, 83 (331), 424–8.

15　Darwall, S. (2007), *Consequentialism.* Malden, Mass.: Blackwell.

16　Scanlon, T. M. (2003), *Rights, Goals, and Fairness.* Cambridge: Cambridge University Press.

17　Nickerson, R. S. (1998), Confirmation bias: a ubiquitous phenomenon in many guises. *Review of General Psychology*, 2 (2), 175.

18　Adams, H. E., Wright, L. W. and Lohr, B. A. (1996), Is homophobia associated with homosexual arousal? *Journal of Abnormal Psychology*, 105 (3), 440–45.

1. 富有

1　Pilling, D. (2018), *The Growth Delusion.* New York: Tim Duggan Books, 19.

2　Pew Research Center (2008), Social demographics and trends. Retrieved from http://www.pewsocialtrends.org/2008/04/30/who-wants-to-be-rich/.

3　Allstate National Journal Heartland Monitor XXI Key Findings (2014). Retrieved from http://heartlandmonitor.com/wp-content/uploads/2015/03/FTI-Allstate-NJ-Heartland-Poll-Findings-Memo-11-5-14.pdf.

4　Stiglitz, J. (2013), *The Price of Inequality.* New York: W.W. Norton & Company.

5　Pfeffer, F. T. and Killewald, A. (2015), How rigid is the wealth structure and why? Inter- and multigenerational associations in family wealth. *Population Studies Center Research Report*, 15-845.

6　Layard, R., Mayraz, G. and Nickell, S. (2008), The marginal utility of income. *Journal of Public Economics*, 92 (8–9), 1846–57.

7　Dolan, P., Peasgood, T. and White, M. (2008), Do we really know what makes us happy? A review of the economic literature on the factors associated with subjective well-being. *Journal of Economic Psychology*, 29 (1), 94–122; Layard, R. and Clark, D. M. (2014), *Thrive: The Power of Evidence-Based Psychological Therapies*. London: Penguin.

8　Smith, S. C. (2015), *Ending Global Poverty: A Guide to What Works*. New York: St. Martin's Press.

9　Kahneman, D. and Deaton, A. (2010), High income improves evaluation of life but not emotional well-being. *Proceedings of the National Academy of Sciences*, 107 (38), 16489–93.

10　Suls, J. and Wheeler, L., eds., (2013), *Handbook of Social Comparison: Theory and Research*. New York: Springer Science & Business Media.

11　Boyce, C. J., Brown, G. D. and Moore, S. C. (2010), Money and happiness: rank of income, not income, affects life satisfaction. *Psychological Science*, 21 (4), 471–5; Luttmer, E. F. (2005), Neighbors as negatives: relative earnings and well-being. *Quarterly Journal of Economics*, 120 (3), 963–1002.

12　Diener, E., Sandvik, E., Seidlitz, L. and Diener, M. (1993), The relationship between income and subjective well-being: relative or absolute? *Social Indicators Research*, 28 (3), 195–223.

13　Knight, J., Song, L. and Gunatilaka, R. (2009), Subjective well-being and its determinants in rural China. *China Economic Review*, 20 (4), 635–49; Graham, C. and Felton, A. (2006), Inequality and happiness: insights from Latin America. *Journal of Economic Inequality*, 4 (1), 107–22.

14　Cheung, F. and Lucas, R. E. (2016), Income inequality is associated with stronger social comparison effects: the effect of relative income on life satisfaction. *Journal of Personality and Social Psychology*, 110 (2), 332; Layard, R., Mayraz, G. and Nickell, S. (2010), Does relative income matter? Are the critics right? In E. Diener., J. F. Helliwell and D. Kahneman, eds., *International Differences in Well-Being*. New York: Oxford University Press, 139–65.

15　Luttmer, E. F. (2005), Neighbors as negatives: relative earnings and well-being. *Quarterly Journal of Economics*, 120 (3), 963–1002.

16　Prati, A. (2017), Hedonic recall bias. Why you should not ask people how much they earn. *Journal of Economic Behavior & Organization*, 143, 78–97.

17　Agarwal, S., Mikhed, V. and Scholnick, B. (2016), Does Inequality Cause Financial Distress? Evidence from Lottery Winners and Neighboring Bankruptcies. Federal Reserve Bank of Philadelphia Working Paper No. 16-4.

18 Winkelmann, R. (2012), Conspicuous consumption and satisfaction. *Journal of Economic Psychology*, 33 (1), 183–91.

19 O'Brien, E., Kristal, A. C., Ellsworth, P. C. and Schwarz, N. (2018), (Mis)imagining the good life and the bad life: envy and pity as a function of the focusing illusion. *Journal of Experimental Social Psychology*, 75, 41–53.

20 Veblen, T. (1899), *The Theory of the Leisure Class: An Economic Study of Institutions*. London: Unwin Books.

21 Perez-Truglia, R. (2013), A test of the conspicuous-consumption model using subjective well-being data. *Journal of Socio-Economics*, 45, 146–54.

22 Ibid.

23 Linssen, R., van Kempen, L. and Kraaykamp, G. (2011), Subjective well-being in rural India: the curse of conspicuous consumption. *Social Indicators Research*, 101 (1), 57–72.

24 Walasek, L. and Brown, G. D. (2015), Income inequality and status seeking: searching for positional goods in unequal US states. *Psychological Science*, 26 (4), 527–33.

25 Association for Consumer Research (2014), Conspicuous Consumption of Time: When Busyness and Lack of Leisure Time Become a Status Symbol. Retrieved from http://www.acrwebsite.org/volumes/v42/acr_v42_16843.pdf.

26 British Social Attitudes 28. Retrieved from http://www.bsa.natcen.ac.uk/media/38952/bsa28_8housing.pdf.

27 Allstate National Journal Heartland Monitor XXI Key Findings (2014). Retrieved from http://heartlandmonitor.com/wp-content/uploads/2015/03/FTI-Allstate-NJ-Heartland-Poll-Findings-Memo-11-5-14.pdf.

28 Foye, C., Clapham, D. and Gabrieli, T. (2017), Home-ownership as a social norm and positional good: subjective wellbeing evidence from panel data. *Urban Studies*, 1–22.

29 United Kingdom Home Ownership Rate (2005–2018). Retrieved from https://tradingeconomics.com/united-states/home-ownership-rate.

30 Foye, C. (2016), The relationship between size of living space and subjective well-being. *Journal of Happiness Studies*, 18 (2), 427–61.

31 Frank, R. (2007), *Falling Behind: How Rising Inequality Harms the Middle Class* (Vol. 4). Oakland, Calif.: University of California Press.

32 Alpizar, F., Carlsson, F. and Johansson-Stenman, O. (2005), How much do we care about absolute versus relative income and consumption? *Journal of Economic Behavior & Organization*, 56 (3), 405–21.

注 释

2. 成功

1 Cook, E. (1997), Capitalism and 'friends' make you miserable. *Independent*, 31 August. Retrieved from https://www.independent.co.uk/news/capitalism-and-friends-make-you-miserable-1248156.html.

2 Pew Research Center (2012), Young Women Surpass Young Men in Career Aspirations. Retrieved from www.pewresearch.org/fact-tank/2012/05/03/young-women-surpass-young-men-in-career-aspirations/.

3 Clark, A. E. and Oswald, A. J. (1994), Unhappiness and unemployment. *Economic Journal*, 104 (424), 648–59.

4 Lucas, R. E., Clark, A. E., Georgellis, Y. and Diener, E. (2004), Unemployment alters the set point for life satisfaction. *Psychological Science*, 15 (1), 8–13.

5 Oesch, D. and Lipps, O. (2012), Does unemployment hurt less if there is more of it around? A panel analysis of life satisfaction in Germany and Switzerland. *European Sociological Review*, 29 (5), 955–67; Clark, A., Knabe, A. and Rätzel, S. (2010), Boon or bane? Others' unemployment, well-being and job insecurity. *Labour Economics*, 17 (1), 52–61.

6 Knabe, A., Rätzel, S., Schöb, R. and Weimann, J. (2010), Dissatisfied with life but having a good day: time-use and well-being of the unemployed. *Economic Journal*, 120 (547), 867–89.

7 Chadi, A. and Hetschko, C. (2017), Income or Leisure? On the Hidden Benefits of (Un-)Employment. IAAEU Discussion Paper Series in Economics, No. 06/2017.

8 White, M. P. and Dolan, P. (2009), Accounting for the richness of daily activities. *Psychological Science*, 20 (8), 1000–1008; Christodoulou, C., Schneider, S. and Stone, A. A. (2014), Validation of a brief yesterday measure of hedonic well-being and daily activities: comparison with the day reconstruction method. *Social Indicators Research*, 115 (3), 907–17.

9 Dolan, P., Kudrna, L. and Stone, A. (2017), The measure matters: an investigation of evaluative and experience-based measures of wellbeing in time use data. *Social Indicators Research*, 134 (1), 57–73.

10 Krueger, A. B. (2017), Where Have All the Workers Gone? An Inquiry into the Decline of the US Labor Force Participation Rate. Brookings Papers on Economic Activity Conference Draft.

11 City and Guilds' Career Happiness Index (2012). Retrieved from https://www.cityandguilds.com/news/November-2012/careers-happiness-index-2012#.Wgoob7acagQ.

12 Legatum Report on Wellbeing and Policy (2014), p. 72. Retrieved from https://li.com/docs/default-source/commission-on-wellbeing-and-policy/commission-on-wellbeing-and-policy-report-march-2014-pdf.pdf.

13 eFinancialCareers. White paper (2014). Retrieved from http://finance.efinancialcareers.com/rs/dice/images/eFC-US-Retention-2014.pdf.

14 Doherty, L. (2004), Work-life balance initiatives: implications for women. *Employee Relations*, 26 (4), 433–52.

15 Walker, E., Wang, C. and Redmond, J. (2008), Women and work-life balance: is home-based business ownership the solution? *Equal Opportunities International*, 27 (3), 258–75.

16 Roberts, J., Hodgson, R. and Dolan, P. (2011), 'It's driving her mad': gender differences in the effects of commuting on psychological health. *Journal of Health Economics*, 30 (5), 1064–76.

17 Social Mobility and Child Poverty Commission (2015), Non-educational Barriers to the Elite Professions Evaluation. Retrieved from https://www.gov.uk/government/publications/non-educational-barriers-to-the-elite-professions-evaluation.

18 Laurison, D. and Friedman, S. (2016), The class pay gap in higher professional and managerial occupations. *American Sociological Review*, 81 (4), 668–95.

19 Fiske, S. and Markus, H. (2012), *Facing Social Class*. New York: Russell Sage Foundation (pp. 88–90).

20 Rucker, D. D. and Galinsky, A. D. (2017), Social power and social class: conceptualization, consequences, and current challenges. *Current Opinion in Psychology*, 18, 26–30.

21 Kraus, M. W. and Keltner, D. (2009), Signs of socioeconomic status: a thin-slicing approach. *Psychological Science*, 20 (1), 99–106.

22 Dietze, P. and Knowles, E. D. (2016), Social class and the motivational relevance of other human beings: evidence from visual attention. *Psychological Science*, 27 (11), 1517–27.

23 Stellar, J. E., Manzo, V. M., Kraus, M. W. and Keltner, D. (2012), Class and compassion: socioeconomic factors predict responses to suffering. *Emotion*, 12 (3), 449.

24 George, J. M. (2000), Emotions and leadership: the role of emotional intelligence. *Human Relations*, 53, 1027–55; Alon, I. and Higgins, J. M. (2005), Global leadership success through emotional and cultural intelligences. *Business Horizons*, 48, 501–12.

25 Chen, E. and Matthews, K. A. (2001), Cognitive appraisal biases: an approach to understanding the relation between socioeconomic status

and cardiovascular reactivity in children. *Annals of Behavioral Medicine*, 23 (2), 101–11.

26 Pettigrew, T. F. and Tropp, L. R. (2006), A meta-analytic test of intergroup contact theory. *Journal of Personality and Social Psychology*, 90 (5), 751.

27 The Organization for Economic Co-operation and Development (OECD). Regulations in force on 1 January 2013. Retrieved from https://www.oecd.org/els/emp/United%20States.pdf.

28 Ariely, D., Kamenica, E. and Prelec, D. (2008), Man's search for meaning: the case of Legos. *Journal of Economic Behavior & Organization*, 67 (3), 671–7.

29 Hackman, J. R. and Oldham, G. R. (1976), Motivation through the design of work: test of a theory. *Organizational Behavior and Human Performance*, 16 (2), 250–79.

3. 受教育

1 Willets, D. (2017), *A University Education*. New York: Oxford University Press, Introduction.

2 United States Census Bureau (February 2017 report). Retrieved from https://www.census.gov.

3 O'Leary, N. C. and Sloane, P. J. (2005), The return to a university education in Great Britain. *National Institute Economic Review*, 193 (1), 75–89.

4 Fisher, S. D. and Hillman, N. (2014), *Do Students Swing Elections? Registration, Turnout and Voting Behaviour among Full-Time Students*. Oxford: Higher Education Policy Institute.

5 Department for Business, Innovation and Skills (2013), The Impact of University Degrees on the Lifecycle of Earnings. Table 16, p. 54, shows a graduate premium for medicine of £429k for men and £454k for women. Retrieved from https://www.gov.uk/government/uploads/system/uploads/attachment_data/file/229498/bis-13-899-the-impact-of-university-degrees-on-the-lifecycle-of-earnings-further-analysis.pdf.

6 Oreopoulos, P. and Salvanes, K. G. (2011), Priceless: the nonpecuniary benefits of schooling. *Journal of Economic Perspectives*, 25 (1), 159–84.

7 Binder, M. and Coad, A. (2011), From Average Joe's happiness to Miserable Jane and Cheerful John: using quantile regressions to analyze the full subjective well-being distribution. *Journal of Economic Behavior & Organization*, 79 (3), 275–90.

8 Gonzalez-Mulé, E., Carter, K. M. and Mount, M. K. (2017), Are smarter people happier? Meta-analyses of the relationships between general mental ability and job and life satisfaction. *Journal of Vocational Behavior*, 99, 146–64.

9 Veenhoven, R. and Choi, Y. (2012), Does intelligence boost happiness? Smartness of all pays more than being smarter than others. *International Journal of Happiness and Development*, 1 (1), 5–27.

10 Koenen, K. C., Moffitt, T. E., Roberts, A. L., Martin, L. T., Kubzansky, L., Harrington, H., . . . and Caspi, A. (2009), Childhood IQ and adult mental disorders: a test of the cognitive reserve hypothesis. *American Journal of Psychiatry*, 166 (1), 50–57.

11 Smith, D. J., Anderson, J., Zammit, S., Meyer, T. D., Pell, J. P. and Mackay, D. (2015), Childhood IQ and risk of bipolar disorder in adulthood: prospective birth cohort study. *British Journal of Psychiatry (Open Access)*, 1 (1), 74–80.

12 MacCabe, J. H., Lambe, M. P., Cnattingius, S., Sham, P. C., David, A. S., Reichenberg, A., Murray, R. M. and Hultman, C. M. (2010), Excellent school performance at age 16 and risk of adult bipolar disorder: national cohort study. *British Journal of Psychiatry*, 196 (2), 109–15.

13 Friedman, S. (2016), Habitus clivé and the emotional imprint of social mobility. *Sociological Review*, 64 (1), 129–47.

14 Berlant, L. (2011), *Cruel Optimism*. Durham, NC: Duke University Press.

15 Akerlof, G. A. (1997), Social distance and social decisions. *Econometrica: Journal of the Econometric Society*, 65 (5), 1005–27.

16 Christie, H., Tett, L., Cree, V. E., Hounsell, J. and McCune, V. (2008), 'A real rollercoaster of confidence and emotions': learning to be a university student. *Studies in Higher Education*, 33 (5), 567–81; Aries, E. and Seider, M. (2005), The interactive relationship between class identity and the college experience: the case of lower income students. *Qualitative Sociology*, 28 (4), 419–43.

17 Johnson, S. E., Richeson, J. A. and Finkel, E. J. (2011), Middle class and marginal? Socioeconomic status, stigma, and self-regulation at an elite university. *Journal of Personality and Social Psychology*, 100 (5), 838.

18 O'Keeffe, P. (2013), A sense of belonging: improving student retention. *College Student Journal*, 47 (4), 605–13.

19 Pratto, F., Sidanius, J. and Levin, S. (2006), Social dominance theory and the dynamics of intergroup relations: taking stock and looking forward. *European Review of Social Psychology*, 17 (1), 271–320.

20 Friedman, S. (2014), The price of the ticket: rethinking the experience of social mobility. *Sociology*, 48 (2), 352–68.

21 Lehmann, W. (2014), Habitus transformation and hidden injuries: successful working-class university students. *Sociology of Education*, 87 (1), 1–15.

22 Kyndt, E., Raes, E., Lismont, B., Timmers, F., Cascallar, E. and Dochy, F. (2013), A meta-analysis of the effects of face-to-face cooperative learning. Do recent studies falsify or verify earlier findings? *Educational Research Review*, 10, 133–49.

23 Stephens, N. M., Fryberg, S. A., Markus, H. R., Johnson, C. S. and Covarrubias, R. (2012), Unseen disadvantage: how American universities' focus on independence undermines the academic performance of first-generation college students. *Journal of Personality and Social Psychology*, 102 (6), 1178.

24 Croizet, J. C. and Claire, T. (1998), Extending the concept of stereotype threat to social class: the intellectual underperformance of students from low socioeconomic backgrounds. *Personality and Social Psychology Bulletin*, 24 (6), 588–94.

25 Spencer, B. and Castano, E. (2007), Social class is dead. Long live social class! Stereotype threat among low socioeconomic status individuals. *Social Justice Research*, 20 (4), 418–32.

26 Department for Education. GCSE and equivalent attainment by pupil characteristics: 2013 to 2014 (revised 2015). Retrieved from https://www.gov.uk/government/statistics/gcse-and-equivalent-attainment-by-pupil-characteristics-2014.

27 Valero, A. and Van Reenen, J. (2016), *The Economic Impact of Universities: Evidence from across the Globe* (No. w22501). National Bureau of Economic Research.

28 Sabates, R. (2008), Educational attainment and juvenile crime: area-level evidence using three cohorts of young people. *British Journal of Criminology*, 48 (3), 395–409.

29 Vezzali, L., Gocłowska, M. A., Crisp, R. J. and Stathi, S. (2016), On the relationship between cultural diversity and creativity in education: the moderating role of communal versus divisional mindset. *Thinking Skills and Creativity*, 21, 152–7; Scacco, A. and Warren, S. S. (2016), Can Social Contact Reduce Prejudice and Discrimination? Evidence from a Field Experiment in Nigeria. Unpublished working paper.

30 Dee, T. S. (2004), Are there civic returns to education? *Journal of Public Economics*, 88 (9), 1697–720.

31 Wolf, A. (2002), *Does Education Matter? Myths about Education and Economic Growth*. London: Penguin.

32 Purcell, K., Elias, P., Atfield, G., Behle, H., Ellison, R., Luchinskaya, D., . . . and Tzanakou, C. (2012), *Futuretrack Stage 4: transitions into employment, further study and other outcomes*. Warwick Institute for Employment Research, Warwick.

33 Lochner, L. (2004), Education, work, and crime: a human capital approach. *International Economic Review*, 45 (3), 811–43.

34 Pilling, D. (2018), *The Growth Delusion*. New York: Tim Duggan Books (p. 19).

35 Willets, D. (2017), *A University Education*. New York: Oxford University Press (p. 86).

36 Reay, D. (2017), *Miseducation: Inequality, Education and the Working Classes*. Bristol: Policy Press (p. 118).

37 Burger, K. (2010), How does early childhood care and education affect cognitive development? An international review of the effects of early interventions for children from different social backgrounds. *Early Childhood Research Quarterly*, 25 (2), 140–65.

38 Anderson, L. M., Shinn, C., Fullilove, M. T., Scrimshaw, S. C., Fielding, J. E., Normand, J., . . . and Task Force on Community Preventive Services (2003), The effectiveness of early childhood development programs: a systematic review. *American Journal of Preventive Medicine*, 24 (3), 32–46.

39 Heckman, J. J. and Carneiro, P. (2003), Human Capital Policy. National Bureau of Economic Research Working Paper No. 9495; Heckman, J. J. and Masterov, D. V. (2007), The productivity argument for investing in young children. *Applied Economic Perspectives and Policy*, 29 (3), 446–93.

40 Nesta, The future of UK skills: employment in 2030. Retrieved from http://data-viz.nesta.org.uk/future-skills/.

41 Stahl, G. (2015), *Identity, Neoliberalism and Aspiration: Educating White Working-Class Boys*. London: Routledge.

本篇总结

1 Case, A. and Deaton, A. (2017), Mortality and morbidity in the 21st century. *Brookings Papers on Economic Activity*, 397.

2 Kolbert, E. (2014), *The Sixth Extinction: An Unnatural History*. London: Bloomsbury.

4. 婚姻

1 Schwartz, B. (2004), *The Paradox of Choice: Why More is Less.* New York: Ecco.

2 Gilbert, D. T. and Ebert, J. E. (2002), Decisions and revisions: the affective forecasting of changeable outcomes. *Journal of Personality and Social Psychology*, 82 (4), 503.

3 Cacioppo, J. T., Cacioppo, S., Gonzaga, G. C., Ogburn, E. L. and Vanderweele, T. J. (2013), Marital satisfaction and break-ups differ across on-line and off-line meeting venues. *Proceedings of the National Academy of Sciences*, 110 (25), 10135–40.

4 Davison, M. L. (2014), Brave new world: the social impact of hooking up in the internet age. *Kill Your Darlings*, (17), 26.

5 Knee, C. R., Patrick, H., Vietor, N. A. and Neighbors, C. (2004), Implicit theories of relationships: moderators of the link between conflict and commitment. *Personality and Social Psychology Bulletin*, 30 (5), 617–28.

6 Finkel, E. J., Burnette, J. L. and Scissors, L. E. (2007), Vengefully ever after: destiny beliefs, state attachment anxiety, and forgiveness. *Journal of Personality and Social Psychology*, 92(5), 871–86.

7 Aron, A., Fisher, H., Mashek, D. J., Strong, G., Li, H. and Brown, L. L. (2005), Reward, motivation, and emotion systems associated with early-stage intense romantic love. *Journal of Neurophysiology*, 94 (1), 327–37.

8 Younger, J., Aron, A., Parke, S., Chatterjee, N. and Mackey, S. (2010), Viewing pictures of a romantic partner reduces experimental pain: involvement of neural reward systems. *PLoS One*, 5(10), e13309.

9 Fisher, H., Xu, X., Aron, A. and Brown, L. (2016), Intense, passionate, romantic love: a natural addiction? How the fields that investigate romance and substance abuse can inform each other. *Frontiers in Psychology*, 7.

10 Brand, S., Luethi, M., von Planta, A., Hatzinger, M. and Holsboer-Trachsler, E. (2007), Romantic love, hypomania, and sleep pattern in adolescents. *Journal of Adolescent Health*, 41 (1), 69–76.

11 Marazziti, D. and Canale, D. (2004), Hormonal changes when falling in love. *Psychoneuroendocrinology*, 29 (7), 931–6.

12 Song, H., Zou, Z., Kou, J., Liu, Y., Yang, L., Zilverstand, A., . . . and Zhang, X. (2015), Love-related changes in the brain: a resting-state functional magnetic resonance imaging study. *Frontiers in Human Neuroscience*, 9.

13 Reis, H. T. and Aron, A. (2008), Love: what is it, why does it matter, and how does it operate? *Perspectives on Psychological Science*, 3, 80–86.

14 Mansson, D. H. and Myers, S. A. (2011), An initial examination of college students' expressions of affection through Facebook. *Southern Communication Journal*, 76 (2), 155–68.

15 Marshall, T. C., Lefringhausen, K. and Ferenczi, N. (2015), The Big Five, self-esteem, and narcissism as predictors of the topics people write about in Facebook status updates. *Personality and Individual Differences*, 85, 35–40.

16 Academia. Murder, Gender and the Media. Narratives of Dangerous Love. Retrieved from https://www.academia.edu/218932/Murder_Gender_and_the_Media._Narratives_of_Dangerous_Love.

17 Francis-Tan, A. and Mialon, H. M. (2015), 'A diamond is forever' and other fairy tales: the relationship between wedding expenses and marriage duration. *Economic Inquiry*, 53 (4), 1919–30.

18 Clark, A. E., Diener, E., Georgellis, Y. and Lucas, R. E. (2008), Lags and leads in life satisfaction: a test of the baseline hypothesis. *Economic Journal*, 118 (529).

19 Stutzer, A. and Frey, B. S. (2006), Does marriage make people happy, or do happy people get married? *Journal of Socio-Economics*, 35 (2), 326–47.

20 Kaplan, R. M. and Kronick, R. G. (2006), Marital status and longevity in the United States population. *Journal of Epidemiology & Community Health*, 60 (9), 760–65; Painter, M., Frech, A. and Williams, K. (2015), Nonmarital fertility, union history, and women's wealth. *Demography*, 52 (1), 153–82.

21 Thoits, P. A. (1992), Identity structures and psychological well-being: gender and marital status comparisons. *Social Psychology Quarterly*, 55 (3), 236–56.

22 Wanic, R. and Kulik, J. (2011), Toward an understanding of gender differences in the impact of marital conflict on health. *Sex Roles*, 65 (5–6), 297–312.

23 Troxel, W. M., Robles, T. F., Hall, M. and Buysse, D. J. (2007), Marital quality and the marital bed: examining the covariation between relationship quality and sleep. *Sleep Medicine Reviews*, 11 (5), 389–404.

24 Troxel, W. M. (2010), It's more than sex: exploring the dyadic nature of sleep and implications for health. *Psychosomatic Medicine*, 72 (6), 578.

25 Office for National Statistics. Retrieved from https://www.ons.gov.uk/peoplepopulationandcommunity/birthsdeathsandmarriages/divorce.

26 Eastwick, P. W., Finkel, E. J., Krishnamurti, T. and Loewenstein, G. (2008), Mispredicting distress following romantic breakup: revealing the time course of the affective forecasting error. *Journal of Experimental Social Psychology*, 44 (3), 800–807.

27 Spielmann, S. S., MacDonald, G., Maxwell, J. A., Joel, S., Peragine, D., Muise, A. and Impett, E. A. (2013), Settling for less out of fear of being single. *Journal of Personality and Social Psychology*, 105 (6), 1049.

28 National Center for Health Statistics. Retrieved from https://www.cdc.gov/nchs/.

29 Rosenfeld, M. J. (2017), Who wants the Breakup? Gender and Breakup in Heterosexual Couples. Draft paper.

30 Kposowa, A. J. (2003), Divorce and suicide risk. *Journal of Epidemiology & Community Health*, 57 (12), 993–5.

31 Ross, C. E. and Mirowsky, J. (2013), The sense of personal control: social structural causes and emotional consequences. In C. S. Aneshensel, J. C. Phelan and A. Bierman, eds., *Handbooks of Sociology and Social Research. Handbook of the Sociology of Mental Health*. New York: Springer Science & Business Media, 379–402.

32 Hetherington, E. M. and Stanley-Hagan, M. (2002), Parenting in divorced and remarried families. In M. H. Bornstein, ed., *Handbook of Parenting: Being and Becoming a Parent*. Mahwah, NJ: Lawrence Erlbaum Associates, 287–315.

33 Amato, P. R. (2003), Reconciling divergent perspectives: Judith Wallerstein, quantitative family research, and children of divorce. *Family Relations*, 52 (4), 332–9.

34 Hetherington, E. M. and Kelly, J. (2002), *For Better or For Worse: Divorce Reconsidered*. New York: W. W. Norton & Company.

35 Emery, R. E. and Coiro, M. J. (1995), Divorce: consequences for children. *Pediatrics in Review*, 16, 306–10; Brock, R. and Kochanska, G. (2015), Interparental conflict, children's security with parents, and long-term risk of internalizing problems: a longitudinal study from ages 2 to 10. *Development and Psychopathology*, 28 (1), 45–54.

36 Slonim, G., Gur-Yaish, N. and Katz, R. (2015), By choice or by circumstance? Stereotypes of and feelings about single people. *Studia Psychologica*, 57 (1), 35.

37 DePaulo, B. and Morris, W. (2005), Singles in society and in science. *Psychological Inquiry*, 16 (2), 57–83.

38 Lau, G. P., Kay, A. C. and Spencer, S. J. (2008), Loving those who justify inequality: the effects of system threat on attraction to women who embody benevolent sexist ideals. *Psychological Science*, 19 (1), 20–21.

39 Day, M., Kay, A., Holmes, J. and Napier, J. (2011), System justification and the defense of committed relationship ideology. *Journal of Personality and Social Psychology*, 101 (2), 291–306.

40 Cross, S. E., Bacon, P. L. and Morris, M. L. (2000), The relational-interdependent self-construal and relationships. *Journal of Personality and Social Psychology*, 78, 791–808.

41 Surra, C. A. (1985), Courtship types: variations in interdependence between partners and social networks. *Journal of Personality and Social Psychology*, 49 (2), 357.

42 Bureau of Labor Statistics (2015). Table 4. Volunteers by type of main organization for which volunteer activities were performed and selected characteristics. Retrieved from https://www.bls.gov/news.release/volun.to4.htm.

43 DePaulo, B. and Morris, W. (2005), Singles in society and in science. *Psychological Inquiry*, 16 (2), 57–83.

44 A Rosenfeld longitudinal study cited in the *Washington Post*, 18 March 2016. Retrieved from https://www.washingtonpost.com/news/wonk/wp/2016/03/18/how-the-likelihood-of-breaking-up-changes-as-time-goes-by/?utm_term=.cc251af459d1.

45 Perel, E. (2006), *Mating in Captivity*. New York: HarperCollins.

46 Chambers, C. (2013), The marriage-free state. *Proceedings of the Aristotelian Society*, 113 (2), pt. 2, 123–43.

5. 一夫一妻

1 British Social Attitudes, Moral Issues: Sex, Gender and Identity. Retrieved from http://www.bsa.natcen.ac.uk/media/39147/bsa34_moral_issues_final.pdf; Norc (2013), Trends in Public Attitudes about Sexuality and Morality. Retrieved from http://www.norc.org/PDFs/sexmoralfinal_06-21_FINAL.PDF.

2 The National Survey of Sexual Attitudes and Lifestyles (2013). Retrieved from http://www.natsal.ac.uk/home.aspx.

3 The Pew Research Center (2014), French more accepting of infidelity than people in other countries. Retrieved from http://www.pewresearch.org/fact-tank/2014/01/14/french-more-accepting-of-infidelity-than-people-in-other-countries/.

4 Maykovich, M. K. (1976), Attitudes versus behavior in extramarital sexual relations. *Journal of Marriage and Family*, 38, 693–9.

5 Stephens-Davidowitz, S. (2017), *Everybody Lies*. London: Bloomsbury.

6 University of Michigan (2006), Lovers and Liars: How Many Sex Partners Have You Really Had? Retrieved from http://www.ur.umich.edu/0506/Feb20_06/04.shtml.

7 Alexander, M. and Fisher, T. (2003), Truth and consequences: using the bogus pipeline to examine sex differences in self-reported sexuality. *Journal of Sex Research*, 40 (1), 27–35.

8 Muise, A., Schimmack, U. and Impett, E. A. (2016), Sexual frequency predicts greater well-being, but more is not always better. *Social Psychological and Personality Science*, 7 (4), 295–302.

9 Hicks, L. L., McNulty, J. K., Meltzer, A. L. and Olson, M. A. (2016), Capturing the interpersonal implications of evolved preferences? Frequency of sex shapes automatic, but not explicit, partner evaluations. *Psychological Science*, 27 (6), 836–47.

10 Graham, C. A., Mercer, C. H., Tanton, C., Jones, K. G., Johnson, A. M., Wellings, K. and Mitchell, K. R. (2017), What factors are associated with reporting lacking interest in sex and how do these vary by gender? Findings from the third British national survey of sexual attitudes and lifestyles. *British Medical Journal*, 7 (9), e016942.

11 Loewenstein, G., Krishnamurti, T., Kopsic, J. and McDonald, D. (2015), Does increased sexual frequency enhance happiness? *Journal of Economic Behavior & Organization*, 116, 206–18.

12 Fan, C. (2014), *Vanity Economics*. Cheltenham: Edward Elgar Publishing Limited.

13 Kleiman, D. G. (1977), Monogamy in mammals. *Quarterly Review of Biology*, 52 (1), 39–69.

14 Bloomberg (2010), More US women report cheating on their spouse. Retrieved from https://www.bloomberg.com/graphics/infographics/more-us-women-report-cheating-on-their-spouse.html.

15 Lippa, R. A. (2009), Sex differences in sex drive, sociosexuality, and height across 53 nations: testing evolutionary and social structural theories. *Archives of Sexual Behavior*, 38 (5), 631–51.

16 Armstrong, E. A., Hamilton, L. T., Armstrong, E. M. and Seeley, J. L. (2014), 'Good girls': gender, social class, and slut discourse on campus. *Social Psychology Quarterly*, 77 (2), 100–122.

17 Wlodarski, R., Manning, J. and Dunbar, R. I. M. (2015), Stay or stray? Evidence for alternative mating strategy phenotypes in both men and women. *Biology Letters*, 11 (2), 20140977.

18 National Survey of Sexual Attitudes and Lifestyles (2000–2001). Retrieved from https://discover.ukdataservice.ac.uk/catalogue/?sn=5223.

19 Henrich, J., Boyd, R. and Richerson, P. J. (2012), The puzzle of monogamous marriage. *Philosophical Transactions of the Royal Society B*, 367 (1589), 657–69.

20 Costa, M., Braun, C. and Birbaumer, N. (2003), Gender differences in response to pictures of nudes: a magnetoencephalographic study. *Biological Psychology*, 63 (2), 129–47.

21 Chivers, M. L., Rieger, G., Latty, E. and Bailey, J. M. (2004), A sex difference in the specificity of sexual arousal. *Psychological Science*, 15 (11), 736–44.

22 Omarzu, J., Miller, A. N., Schultz, C. and Timmerman, A. (2012), Motivations and emotional consequences related to engaging in extramarital relationships. *International Journal of Sexual Health*, 24 (2), 154–62.

23 Blow, A. and Hartnett, K. (2005), Infidelity in committed relationships II: a substantive review. *Journal of Marital and Family Therapy*, 31(2), 217–33.

24 Banfield, S. and McCabe, M. P. (2001), Extra relationship involvement among women: are they different from men? *Archives of Sexual Behavior*, 30 (2), 119–42.

25 Cross, C. P., Cyrenne, D. L. M. and Brown, G. R. (2013), Sex differences in sensation-seeking: a meta-analysis. *Scientific Reports*, 3, 2486.

26 Rosenfeld, M. J. (2017), Who wants the Breakup? Gender and Breakup in Heterosexual Couples. Draft paper.

27 Forste, R. and Tanfer, K. (1996), Sexual exclusivity among dating, cohabiting, and married women. *Journal of Marriage and Family*, 58, 33–47.

28 Tsapelas, I., Fisher, H. E. and Aron, A. (2011), Infidelity: when, where, why. In W. R. Cupach and B. H. Spitzberg, eds., *The Dark Side of Close Relationships II*. New York: Routledge, 175–96.

29 Blow, A. and Hartnett, K. (2005), Infidelity in committed relationships II: a substantive review. *Journal of Marital and Family Therapy*, 31 (2), 217–33.

30 Munsch, C. L. (2015), Her support, his support: money, masculinity, and marital infidelity. *American Sociological Review*, 80 (3), 469–95.

31 Lammers, J., Stoker, J. I., Jordan, J., Pollmann, M. and Stapel, D. A. (2011), Power increases infidelity among men and women. *Psychological Science*, 22 (9), 1191–7.

32 Lammers, J. and Maner, J. (2016), Power and attraction to the counter-normative aspects of infidelity. *Journal of Sex Research*, 53 (1), 54–63.

33 Blackwell, D. (2014), Digital Disruption: An Exploratory Study of Trust, Infidelity, and Relational Transgressions in the Digital Age.

注 释

Ph.D. Thesis, University of Pennsylvania. https://repository.upenn. edu/dissertations/AAI3635471.

34 Charny, I. W. and Parnass, S. (1995), The impact of extramarital relationships on the continuation of marriages. *Journal of Sex and Marital Therapy*, 21, 100–115.

35 Blow, A. and Hartnett, K. (2005), Infidelity in committed relationships II: a substantive review. *Journal of Marital and Family Therapy*, 31 (2), 217–33.

36 Amato, P, R. and Rogers, S. J. (1997), A longitudinal study of marital problems and subsequent divorce. *Journal of Marriage and Family*, 59 (3), 612–24; Grant Thornton (2016), Matrimonial Survey. Retrieved from http://www.grantthornton.co.uk/globalassets/1.-member-firms/ united-kingdom/pdf/publication/2016/matrimonial-survey-2016.pdf.

37 Buunk, B. (1987), Conditions that promote breakups as a consequence of extradyadic involvements. *Journal of Social and Clinical Psychology*, 5, 271–84.

38 Schneider, J. P., Irons, R. R. and Corley, M. D. (1999), Disclosure of extramarital sexual activities by sexually exploitative professionals and other persons with addictive or compulsive sexual disorders. *Journal of Sex Education and Therapy*, 24, 277–87.

39 Foster, J. D. and Misra, T. A. (2013), It did not mean anything (about me). Cognitive dissonance theory and the cognitive and affective consequences of romantic infidelity. *Journal of Social and Personal Relationships*, 30 (7), 835–57.

40 DePaulo, B. M., Kashy, D. A., Kirkendol, S. E., Wyer, M. M. and Epstein, J. A. (1996), Lying in everyday life. *Journal of Personality and Social Psychology*, 70 (5), 979.

41 Van't Veer, A., Stel, M. and van Beest, I. (2014), Limited capacity to lie: cognitive load interferes with being dishonest. *Judgment and Decision Making*, 9 (3), 199–206.

42 Rubin, J. D., Moors, A. C., Matsick, J. L., Ziegler, A. and Conley, T. D. (2014), On the margins: considering diversity among consensually non-monogamous relationships. *Journal für Psychologie*, 22 (1), 1–23.

43 Moors, A. C., Conley, T. D., Edelstein, R. S. and Chopik, W. J. (2015), Attached to monogamy? Avoidance predicts willingness to engage (but not actual engagement) in consensual non-monogamy. *Journal of Social and Personal Relationships*, 32 (2), 222–40.

44 Conley, T. D., Moors, A. C., Matsick, J. L. and Ziegler, A. (2013), The fewer the merrier? Assessing stigma surrounding consensually non-monogamous romantic relationships. *Analyses of Social Issues and Public Policy*, 13, 1–30.

45 Moors, A. C., Matsick, J. L. and Schechinger, H. A. (2017), Unique and shared relationship benefits of consensually non-monogamous and monogamous relationships. *European Psychologist*, 22 (1), 55–71.

46 Grunt-Mejer, K. and Campbell, C. (2016), Around consensual nonmonogamies: assessing attitudes toward nonexclusive relationships. *Journal of Sex Research*, 53, 45–53.

47 Sheff, E. (2010), Strategies in polyamorous parenting. In M. Barker and D. Langdridge, eds., *Understanding Non-Monogamies*. London: Routledge, 169–81.

48 Topping, K., Dekhinet, R. and Zeedyk, S. (2013), Parent–infant interaction and children's language development. *Educational Psychology*, 33 (4), 391–426.

49 Conley, T. D., Ziegler, A., Moors, A. C., Matsick, J. L. and Valentine, B. (2013), A critical examination of popular assumptions about the benefits and outcomes of monogamous relationships. *Personality and Social Psychology Review*, 17, 124–41.

50 Conley, T. D., Moors, A. C., Matsick, J. L. and Ziegler, A. (2013), The fewer the merrier? Assessing stigma surrounding consensually non-monogamous romantic relationships. *Analyses of Social Issues and Public Policy*, 13 (1), 1–30.

51 Moors, A. C., Selterman, D. and Conley, T. D. (2016), Personality correlates of attitudes and desire to engage in consensual non-monogamy among sexual minorities. Unpublished paper.

6. 孩子

1 The Parent Zone (2015), *Parenting in the Digital Age: How are We Doing?* Retrieved from https://parentzone.org.uk/trending/research-reports.

2 Vicedo Castello, M. (2005), *The Maternal Instinct*. Cambridge, Mass.: Harvard University Press.

3 Taket, A., Crisp, B. R., Nevill, A., Lamaro, G., Graham, M. and Barter-Godfrey, S., eds., (2009), *Theorising Social Exclusion*. London: Routledge, 187–92.

4 Chancey, L. and Dumais, S. A. (2009), Voluntary childlessness in marriage and family textbooks, 1950–2000. *Journal of Family History*, 34 (2), 206–23.

5 Shapiro, G. (2014), Voluntary childlessness: a critical review of the literature. *Studies in the Maternal*, 6 (1), 1–15.

6 Rich, S., Taket, A., Graham, M. and Shelley, J. (2011), 'Unnatural', 'unwomanly', 'uncreditable' and 'undervalued': the significance of being a childless woman in Australian society. *Gender Issues*, 28 (4), 226–47.

7 Gallup News (2013), Desire for Children Still Norm in US. Retrieved from http://news.gallup.com/poll/164618/desire-children-norm.aspx.

8 Taket, A., Crisp, B. R., Nevill, A., Lamaro, G., Graham, M. and Barter-Godfrey, S., eds., (2009), *Theorising Social Exclusion*. London: Routledge, 187–92.

9 Dolan, P. and Rudisill, C. (2015), Babies in waiting: why increasing the IVF age cut-off might lead to fewer wanted pregnancies in the presence of procrastination. *Health Policy*, 119 (2), 174–9.

10 Arpino, B., Balbo, N. and Bordone, V. (2016), Life satisfaction of older Europeans: the role of grandchildren. Retrieved from http://docplayer.net/53786442-Life-satisfaction-of-older-europeans-the-role-of-grandchildren.html.

11 Blackstone, A. and Stewart, M. D. (2016), 'There's more thinking to decide': how the childfree decide not to parent. *Family Journal*, 24 (3), 296–303.

12 Adloff, F. (2009), What encourages charitable giving and philanthropy? *Ageing and Society*, 29 (8), 1185–205.

13 Survey of Health, Ageing and Retirement in Europe. Retrieved from http://www.share-project.org.

14 Chi Kuan Mak, M., Bond, M. H., Simpson, J. A. and Rholes, W. S. (2010), Adult attachment, perceived support, and depressive symptoms in Chinese and American cultures. *Journal of Social and Clinical Psychology*, 29 (2), 144–65.

15 Blackstone, A. and Stewart, M. D. (2016), 'There's more thinking to decide': how the childfree decide not to parent. *Family Journal*, 24 (3), 296–303.

16 Herbst, C. M. and Ifcher, J. (2016), The increasing happiness of US parents. *Review of Economics of the Household*, 14 (3), 529–51.

17 Nomaguchi, K. and Milkie, M. (2003), Costs and rewards of children: the effects of becoming a parent on adults' lives. *Journal of Marriage and Family*, 65, 356–74.

18 Murtaugh, P. A. and Schlax, M. G. (2009), Reproduction and the carbon legacies of individuals. *Global Environmental Change*, 19 (1), 14–20.

19 Hansen, T. (2012), Parenthood and happiness: a review of folk theories versus empirical evidence. *Social Indicators Research*, 108, 26–64.

20 Pollmann-Schult, M. (2014), Parenthood and life satisfaction: why don't children make people happy? *Journal of Marriage and Family*, 76 (2), 319–36.

21 Myrskylä, M. and Margolis, R. (2014), Happiness: before and after the kids. *Demography*, 51 (5), 1843–66.

22 Margolis, R. and Myrskylä, M. (2018), A global perspective on happiness and fertility. *Population and Development Review* (in press).

23 Hamoudi, A. and Nobles, J. (2014), Do daughters really cause divorce? Stress, pregnancy, and family composition. *Demography*, 51 (4), 1423–49.

24 Kabatek, J. and Ribar, D. (2017), Teenage daughters as a cause of divorce. *SSRN Electronic Journal*.

25 Mind. Postnatal depression and prenatal mental health. Retrieved from https://mind.org.uk/information-support/types-of-mental-health-problems/postnatal-depression-and-perinatal-mental-health/.

26 Herbst, C. and Ifcher, J. (2015), The increasing happiness of US parents. *Review of Economics of the Household*, 14 (3), 529–51.

27 van Scheppingen, M. A., Denissen, J., Chung, J., Tambs, K. and Bleidorn, W. (2017), Self-esteem and relationship satisfaction during the transition to motherhood. Unpublished paper.

28 Gorchoff, S. M., John, O. P. and Helson, R. (2008), Contextualizing change in marital satisfaction during middle age. *Psychological Science*, 19, 1194–200.

29 Bouchard, G. (2013), How do parents react when their children leave home? An integrative review. *Journal of Adult Development*, 21 (2), 69–79.

30 Kahneman, D., Krueger, A. B., Schkade, D. A., Schwarz, N. and Stone, A. A. (2004), A survey method for characterizing daily life experience: the day reconstruction method. *Science*, 306 (5702), 1776–80.

31 White, M. P. and Dolan, P. (2009), Accounting for the richness of daily activities. *Psychological Science*, 20 (8), 1000–1008.

32 Fingerman, K. L., Cheng, Y. P., Birditt, K. and Zarit, S. (2011), Only as happy as the least happy child: multiple grown children's problems and successes and middle-aged parents' well-being. *Journals of Gerontology Series B: Psychological Sciences and Social Sciences*, 67 (2), 184–93.

33 Pillemer, K., Suitor, J. J., Riffin, C. and Gilligan, M. (2017), Adult children's problems and mothers' well-being: does parental favoritism matter? *Research on Aging*, 39 (3), 375–95.

34 Fingerman, K. L., Cheng, Y. P., Birditt, K. and Zarit, S. (2011), Only as happy as the least happy child: multiple grown children's problems and successes and middle-aged parents' well-being. *Journals of Gerontology Series B: Psychological Sciences and Social Sciences*, 67 (2), 184–93.

35 Howard, K., Martin, A., Berlin, L. J. and Brooks-Gunn, J. (2011), Early mother–child separation, parenting, and child well-being in

Early Head Start families. *Attachment & Human Development*, 13 (1), 5–26.

36 Sarkadi, A., Kristiansson, R., Oberklaid, F. and Bremberg, S. (2008), Fathers' involvement and children's developmental outcomes: a systematic review of longitudinal studies. *Acta Paediatrica*, 97 (2), 153–8; Flouri, E. and Buchanan, A. (2003), The role of father involvement in children's later mental health. *Journal of Adolescence*, 26 (1), 63–78.

37 Delatycki, M. B., Jones, C. A., Little, M. H., Patton, G. C., Sawyer, S. M., Skinner, S. R., . . . and Oberklaid, F. (2017), The kids are OK: it is discrimination, not same-sex parents, that harms children. *Medical Journal of Australia*, 207 (9), 1.

38 Topping, K., Dekhinet, R. and Zeedyk, S. (2013), Parent–infant interaction and children's language development. *Educational Psychology*, 33 (4), 391–426.

39 De Bellis, M. D. and Zisk, A. (2014), The biological effects of childhood trauma. *Child and Adolescent Psychiatric Clinics of North America*, 23 (2), 185–222.

40 Berglund, K. J., Balldin, J., Berggren, U., Gerdner, A. and Fahlke, C. (2013), Childhood maltreatment affects the serotonergic system in male alcohol-dependent individuals. *Alcoholism: Clinical and Experimental Research*, 37 (5), 757–62.

41 Bravo, J. A., Dinan, T. G. and Cryan, J. F. (2014), Early-life stress induces persistent alterations in 5-HT1A receptor and serotonin transporter mRNA expression in the adult rat brain. *Frontiers in Molecular Neuroscience*, 7, 24; Matsunaga, M., Ishii, K., Ohtsubo, Y., Noguchi, Y., Ochi, M. and Yamasue, H. (2017), Association between salivary serotonin and the social sharing of happiness. *PLoS One*, 12 (7), e0180391.

42 Bowlby, J. and Ainsworth, M., The origins of attachment theory. In S. Goldberg, R. Muir and J. Kerr, eds. (2000), *Attachment Theory: Social, Developmental, and Clinical Perspectives*. New York: Routledge, 45ff.

43 Hazan, C. and Shaver, P. (1987), Romantic love conceptualized as an attachment process. *Journal of Personality and Social Psychology*, 52 (3), 511.

44 Sheinbaum, T., Kwapil, T. R., Ballespí, S., Mitjavila, M., Chun, C. A., Silvia, P. J. and Barrantes-Vidal, N. (2015), Attachment style predicts affect, cognitive appraisals, and social functioning in daily life. *Frontiers in Psychology*, 6, 296.

45 Moriceau, S., Wilson, D. A., Levine, S. and Sullivan, R. M. (2006), Corticosterone serves as a switch between love and hate in infancy:

dual circuitry for odor-shock conditioning during development. *Journal of Neuroscience*, 26, 6737-48.

本篇总结

1 Gilbert, D. (2009), *Stumbling on Happiness*. Toronto: Vintage Canada.

7. 利他

1 Farrelly, D., Clemson, P. and Guthrie, M. (2016), Are women's mate preferences for altruism also influenced by physical attractiveness? *Evolutionary Psychology*, 14 (1), doi. 10.1177/1474704915623698.

2 Raihani, N. J. and Smith, S. (2015), Competitive helping in online giving. *Current Biology*, 25 (9), 1183-6.

3 Arnocky, S., Piché, T., Albert, G., Ouellette, D. and Barclay, P. (2017), Altruism predicts mating success in humans. *British Journal of Psychology*, 108 (2), 416-35.

4 Rand, D. G., Brescoll, V. L., Everett, J. A., Capraro, V. and Barcelo, H. (2016), Social heuristics and social roles: intuition favors altruism for women but not for men. *Journal of Experimental Psychology: General*, 145 (4), 389.

5 Kataria, M. and Regner, T. (2015), Honestly, why are you donating money to charity? An experimental study about self-awareness in status-seeking behavior. *Theory and Decision*, 79 (3), 493-515.

6 Samek, A. and Sheremeta, R. M. (2017), Selective recognition: how to recognize donors to increase charitable giving. *Economic Inquiry*, 55 (3), 1489-96.

7 Sezer, O., Gino, F. and Norton, M. I. (2018), Humblebragging: a distinct – and ineffective – self-presentation strategy. *Journal of Personality and Social Psychology*, 114 (1), 52.

8 Gordon College (2006), Who Really Cares: The Surprising Truth about Compassionate Conservatism – America's Charity Divide – Who Gives, Who Doesn't, and Why it Matters. Retrieved from https://www.gordon.edu/ace/pdf/Spro7BRGrinols.pdf.

9 Meier, S. and Stutzer, A. (2008), Is volunteering rewarding in itself? *Economica*, 75 (297), 39-59; Thoits, P. A. and Hewitt, L. N. (2001), Volunteer work and well-being. *Journal of Health and Social Behavior*, 115-31.

注 释

10 Andreoni, J. (1990), Impure altruism and donations to public goods: a theory of warm-glow giving. *Economic Journal*, 100 (401), 464–77.

11 Dunn, E. W., Aknin, L. B. and Norton, M. I. (2008), Spending money on others promotes happiness. *Science,* 319 (5870), 1687–8.

12 Harbaugh, W. T., Mayr, U. and Burghart, D. R. (2007), Neural responses to taxation and voluntary giving reveal motives for charitable donations. *Science*, 316 (5831), 1622–5; Moll, J., Oliveira-Souza, D. and Zahn, R. (2008), The neural basis of moral cognition. *Annals of the New York Academy of Sciences*, 1124 (1), 161–80.

13 Taufik, D., Bolderdijk, J. W. and Steg, L. (2015), Acting green elicits a literal warm glow. *Nature Climate Change*, 5 (1), 37.

14 Aknin, L. B., Dunn, E. W. and Norton, M. I. (2012), Happiness runs in a circular motion: evidence for a positive feedback loop between prosocial spending and happiness. *Journal of Happiness Studies*, 13 (2), 347–55.

15 Omoto, A. M. and Snyder, M. (1995), Sustained helping without obligation: motivation, longevity of service, and perceived attitude change among AIDS volunteers. *Journal of Personality and Social Psychology*, 68 (4), 671.

16 Ashraf, N., Bandiera, O. and Lee, S. S. (2014), Do-gooders and go-getters: career incentives, selection, and performance in public service delivery. *STICERD-Economic Organisation and Public Policy Discussion Papers Series*, 27, 54.

17 Effron, D. A., Cameron, J. S. and Monin, B. (2009), Endorsing Obama licenses favoring whites. *Journal of Experimental Social Psychology*, 45 (3), 590–93.

18 Mazar, N. and Zhong, C. B. (2010), Do green products make us better people? *Psychological Science*, 21 (4), 494–8.

19 Cascio, J. and Plant, E. A. (2015), Prospective moral licensing: does anticipating doing good later allow you to be bad now? *Journal of Experimental Social Psychology*, 56, 110–16.

20 Gordon College (2006), Who Really Cares: The Surprising Truth about Compassionate Conservatism – America's Charity Divide – Who Gives, Who Doesn't, and Why it Matters. Retrieved from https://www.gordon.edu/ace/pdf/Spr07BRGrinols.pdf.

21 Decety, J., Cowell, J. M., Lee, K., Mahasneh, R., Malcolm-Smith, S., Selcuk, B. and Zhou, X. (2015), The negative association between religiousness and children's altruism across the world. *Current Biology*, 25 (22), 2951–5.

22 Post, S. G. (2014), Six sources of altruism: springs of morality and solidarity. In V. Jeffries, ed., *The Palgrave Handbook of Altruism, Morality, and Social Solidarity*. New York: Palgrave Macmillan, 179–93.

23 Bloom, P. (2016), *Against Empathy*. London: The Bodley Head.

24 Jenni, K. and Loewenstein, G. (1997), Explaining the identifiable victim effect. *Journal of Risk and Uncertainty*, 14 (3), 235–57.

25 Small, D. A. and Loewenstein, G. (2003), Helping a victim or helping the victim: altruism and identifiability. *Journal of Risk and Uncertainty*, 26 (1), 5–16.

26 Batson, C. D., Chang, J., Orr, R. and Rowland, J. (2002), Empathy, attitudes, and action: can feeling for a member of a stigmatized group motivate one to help the group? *Personality and Social Psychology Bulletin*, 28 (12), 1656–66.

27 Batson, C. D., Klein, T. R., Highberger, L. and Shaw, L. L. (1995), Immorality from empathy-induced altruism: when compassion and justice conflict. *Journal of Personality and Social Psychology*, 68 (6), 1042.

28 Singer, T. and Klimecki, O. M. (2014), Empathy and compassion. *Current Biology*, 24 (18), R875–R878.

29 Arikha, N. (2015), The most good you can do: how effective altruism is changing ideas about living ethically. *Jewish Quarterly*, 62 (2), 85.

30 Karlan, D. and Wood, D. H. (2017), The effect of effectiveness: donor response to aid effectiveness in a direct mail fundraising experiment. *Journal of Behavioral and Experimental Economics*, 66, 1–8.

8. 健康

1 Hogan, C., Lunney, J., Gabel, J. and Lynn, J. (2001), Medicare beneficiaries' costs of care in the last year of life. *Health Affairs*, 20 (4), 188–95; Becker, G., Murphy, K. and Philipson, T. (2007), The Value of Life Near its End and Terminal Care. National Bureau of Economic Research, Working Paper. No. 13333.

2 Steinbrook, R. (2006), Imposing personal responsibility for health. *New England Journal of Medicine*, 355 (8), 753–6.

3 Crawford, R. (1980), Healthism and the medicalization of everyday life. *International Journal of Health Services*, 10 (3), 365–88.

4 Dolan, P., Cookson, R. and Ferguson, B. (1999), Effect of discussion and deliberation on the public's views of priority setting in health care: focus group study. *British Medical Journal*, 318 (7188), 916–19.

5 Reidpath, D. D., Burns, C., Garrard, J., Mahoney, M. and Townsend, M. (2002), An ecological study of the relationship between social and

environmental determinants of obesity. *Health & Place*, 8 (2), 141–5; Loos, R. J. (2012), Genetic determinants of common obesity and their value in prediction. *Best Practice & Research: Clinical Endocrinology & Metabolism*, 26 (2), 211–26.

6 Borrell, L. N. and Samuel, L. (2014), Body mass index categories and mortality risk in US adults: the effect of overweight and obesity on advancing death. *American Journal of Public Health*, 104 (3), 512–19.

7 Nuttall, F. Q. (2015), Body mass index: obesity, BMI, and health: a critical review. *Nutrition Today*, 50 (3), 117.

8 Bradford, W. D. and Dolan, P. (2010), Getting used to it: the adaptive global utility model. *Journal of Health Economics*, 29 (6), 811–20.

9 Wadsworth, T. and Pendergast, P. M. (2014), Obesity (sometimes) matters: the importance of context in the relationship between obesity and life satisfaction. *Journal of Health and Social Behavior*, 55 (2), 196–214.

10 Jackson, S. E., Beeken, R. J. and Wardle, J. (2015), Obesity, perceived weight discrimination, and psychological well-being in older adults in England. *Obesity*, 23 (5), 1105–11.

11 Cawley, J. (2004), The impact of obesity on wages. *Journal of Human Resources*, 39 (2), 451–74.

12 Finkelstein, E. A., daCosta DiBonaventura, M., Burgess, S. M. and Hale, B. C. (2010), The costs of obesity in the workplace. *Journal of Occupational and Environmental Medicine*, 52 (10), 971–6; Gates, D. M., Succop, P., Brehm, B. J., Gillespie, G. L. and Sommers, B. D. (2008), Obesity and presenteeism: the impact of body mass index on workplace productivity. *Journal of Occupational and Environmental Medicine*, 50 (1), 39–45.

13 Rooth, D. O. (2009), Obesity, attractiveness, and differential treatment in hiring: a field experiment. *Journal of Human Resources*, 44 (3), 710–35.

14 IEA Discussion Paper (2017), Obesity and the Public Purse: Weighing Up the True Cost to the Taxpayer. Retrieved from https://iea.org.uk/wp-content/uploads/2017/01/Obesity-and-the-Public-Purse-PDF.pdf.

15 Medical News Daily (2013), Smokers Die Ten Years Sooner than Non-smokers. Retrieved from https://www.medicalnewstoday.com/articles/261091.php.

16 Pampel, F. C., Denney, J. T. and Krueger, P. M. (2012), Obesity, SES, and economic development: a test of the reversal hypothesis. *Social Science & Medicine*, 74 (7), 1073–81.

17 Slevin, M. L., Stubbs, L., Plant, H. J., Wilson, P., Gregory, W. M., Armes, P. J. and Downer, S. M. (1990), Attitudes to chemotherapy:

comparing views of patients with cancer with those of doctors, nurses, and general public. *British Medical Journal*, 300 (6737), 1458–60.

18 Snyder, C. R. (2002), Hope theory: rainbows in the mind. *Psychological Inquiry*, 13 (4), 249–75.

19 Griggs, S. and Walker, R. K. (2016), The role of hope for adolescents with a chronic illness: an integrative review. *Journal of Pediatric Nursing*, 31 (4), 404–21.

20 MacArtney, J. I., Broom, A., Kirby, E., Good, P., Wootton, J., Yates, P. M. and Adams, J. (2015), On resilience and acceptance in the transition to palliative care at the end of life. *Health*, 19 (3), 263–79.

21 Wiggins, S., Whyte, P., Huggins, M., Adam, S., Theilmann, J., Bloch, M., . . . and Canadian Collaborative Study of Predictive Testing (1992), The psychological consequences of predictive testing for Huntington's disease. *New England Journal of Medicine*, 327 (20), 1401–5.

22 O'Connor, A. M. (1989), Effects of framing and level of probability on patients' preferences for cancer chemotherapy. *Journal of Clinical Epidemiology*, 42 (2), 119–26.

23 Hellman, C. M., Worley, J. A. and Munoz, R. T. (2018), Hope as a coping resource for caregiver resilience and well-being. In W. A. Bailey and A. W. Harrist, eds., *Family Caregiving: Fostering Resilience Across the Life Course*. Switzerland: Springer International Publishing, 81–98.

24 Menzel, P. T. (2011), The value of life at the end of life: a critical assessment of hope and other factors. *Journal of Law, Medicine & Ethics*, 39 (2), 215–23.

25 Palmieri, J. J. and Stern, T. A. (2009), Lies in the doctor–patient relationship. *Primary Care Companion to the Journal of Clinical Psychiatry*, 11 (4), 163.

26 Bruera, E., Neumann, C. M., Mazzocato, C., Stiefel, F. and Sala, R. (2000), Attitudes and beliefs of palliative care physicians regarding communication with terminally ill cancer patients. *Palliative Medicine*, 14 (4), 287–98.

27 Eliott, J. A. and Olver, I. N. (2007), Hope and hoping in the talk of dying cancer patients. *Social Science & Medicine*, 64 (1), 138–49.

28 Higginson, I. J., Gomes, B., Calanzani, N., Gao, W., Bausewein, C., Daveson, B. A., . . . and Ceulemans, L. (2014), Priorities for treatment, care and information if faced with serious illness: a comparative population-based survey in seven European countries. *Palliative Medicine*, 28 (2), 101–10.

29 Nicholas, L. H., Langa, K. M., Iwashyna, T. J. and Weir, D. R. (2011), Regional variation in the association between advance directives and

end-of-life Medicare expenditures. *Journal of the American Medical Association*, 306 (13), 1447–53.

30 Dolan, P., Gudex, C., Kind, P. and Williams, A. (1996), The time trade-off method: results from a general population study. *Health Economics*, 5 (2), 141–54.

31 Milgram, S. (1965), Some conditions of obedience and disobedience to authority. *Human Relations*, 18 (1), 57–76.

32 Office of National Statistics (2015), National Survey of Bereaved People in England. Retrieved from https://www.ons.gov.uk/peoplepopulation andcommunity/healthandsocialcare/healthcaresystem/bulletins/national surveyofbereavedpeoplevoices/england2015.

33 Gomes, B., Calanzani, N., Gysels, M., Hall, S. and Higginson, I. J. (2013), Heterogeneity and changes in preferences for dying at home: a systematic review. *BMC Palliative Care*, 12 (1), 7.

34 Demos (2010), Dying for Change. Retrieved from https://www.demos.co.uk/files/Dying_for_change_-_web_-_final_1_.pdf?1289561872.

35 Wong, P. T., Reker, G. T. and Gesser, G. (1994), Death attitude profile-revised: a multidimensional measure of attitudes toward death. In R. A. Neimeyer, ed., *Death Anxiety Handbook: Research, Instrumentation, and Application*. New York: Routledge, 121–48.

36 Ferrell, B., Sun, V., Hurria, A., Cristea, M., Raz, D. J., Kim, J. Y., . . . and Koczywas, M. (2015), Interdisciplinary palliative care for patients with lung cancer. *Journal of Pain and Symptom Management*, 50 (6), 758–67; Temel, J. S., El-Jawahri, A., Greer, J. A., Pirl, W. F., Jackson, V. A., Park, E. R., . . . and Jacobsen, J. (2016), Randomized trial of early integrated palliative and oncology care. *Journal of Clinical Oncology*, 34 (26), 104.

37 Halpern, J. and Arnold, R. M. (2008), Affective forecasting: an unrecognized challenge in making serious health decisions. *Journal of General Internal Medicine*, 23 (10), 1708–12.

38 Dolan, P. (1997), Modeling valuations for EuroQol health states. *Medical Care*, 35 (11), 1095–108.

39 Trope, Y. and Liberman, N. (2000), Temporal construal and time-dependent changes in preference. *Journal of Personality and Social Psychology*, 79 (6), 876.

40 Loewenstein, G., O'Donoghue, T. and Rabin, M. (2003), Projection bias in predicting future utility. *Quarterly Journal of Economics*, 118 (4), 1209–48.

41 Ganzini, L., Goy, E. R. and Dobscha, S. K. (2008), Prevalence of depression and anxiety in patients requesting physicians' aid in dying: cross sectional survey. *British Medical Journal*, 337, a1682.

42 Gopal, A. A. (2015), Physician-assisted suicide: considering the evidence, existential distress, and an emerging role for psychiatry. *Journal of the American Academy of Psychiatry and the Law Online*, 43 (2), 183–90.

43 *The Economist*, 24 and Ready to Die. Retrieved from https://www.youtube.com/watch?v=SWWkUzkfJ4M.

44 Mishara, B. L. and Weisstub, D. N. (2013), Premises and evidence in the rhetoric of assisted suicide and euthanasia. *International Journal of Law and Psychiatry*, 36 (5), 427–35.

45 Demos, The Commission on Assisted Dying. Retrieved from https://www.demos.co.uk/files/476_CoAD_FinalReport_158x240_I_web_single-NEW_.pdf?1328113363.

46 Smith, K. A., Goy, E. R., Harvath, T. A. and Ganzini, L. (2011), Quality of death and dying in patients who request physician-assisted death. *Journal of Palliative Medicine*, 14 (4), 445–50.

47 Georges, J. J., Onwuteaka-Philipsen, B. D., Muller, M. T., Van der Wal, G., Van der Heide, A. and Van der Maas, P. J. (2007), Relatives' perspective on the terminally ill patients who died after euthanasia or physician-assisted suicide: a retrospective cross-sectional interview study in the Netherlands. *Death Studies*, 31 (1), 1–15.

48 Lerner, B. H. and Caplan, A. L. (2015), Euthanasia in Belgium and the Netherlands: on a slippery slope? *Journal of the American Medical Association Internal Medicine*, 175 (10), 1640–41.

49 Williams, A. (1997), Intergenerational equity: an exploration of the 'fair innings' argument. *Health Economics*, 6 (2), 117–32.

50 Dolan, P. and Tsuchiya, A. (2012), It is the lifetime that matters: public preferences over maximising health and reducing inequalities in health. *Journal of Medical Ethics*, 38 (9), 571–3.

9. 自由意志

1 US National Library of Medicine. Retrieved from https://ghr.nlm.nih.gov/primer/basics/gene.

2 Joshi, P. K., Esko, T., Mattsson, H., Eklund, N., Gandin, I., Nutile, T., . . . and Okada, Y. (2015), Directional dominance on stature and cognition in diverse human populations. *Nature*, 523 (7561), 459–62.

3 Plomin, R., DeFries, J. C., Knopik, V. S. and Neiderhiser, J. M. (2012), *Behavioural Genetics* (6th edition). New York: Worth.

4 Plomin, R. and von Stumm, S. (2018), The new genetics of intelligence. *Nature Reviews Genetics*, 19 (3), 148–59.

注　释

5　Ben-Zur, H. (2003), Happy adolescents: the link between subjective well-being, internal resources, and parental factors. *Journal of Youth and Adolescence*, 32 (2), 67–79.

6　Matteson, L. K., McGue, M. K. and Iacono, W. (2013), Is dispositional happiness contagious? *Journal of Individual Differences*, 34, 90–96.

7　Decision Science News (2015), Chances of Going to College Based on Parents' Income. Retrieved from http://www.decisionsciencenews.com/2015/05/29/chances-of-going-to-college-based-on-parents-income/.

8　Noble, K. G., Houston, S. M., Brito, N. H., Bartsch, H., Kan, E., Kuperman, J. M., . . . and Schork, N. J. (2015), Family income, parental education and brain structure in children and adolescents. *Nature Neuroscience*, 18 (5), 773; Chetty, R., Hendren, N. and Katz, L. F. (2016), The effects of exposure to better neighborhoods on children: new evidence from the moving to opportunity experiment. *American Economic Review*, 106 (4), 855–902.

9　De Bellis, M. D. and Zisk, A. (2014), The biological effects of childhood trauma. *Child and Adolescent Psychiatric Clinics of North America*, 23 (2), 185–222.

10　Dierkhising, C. B., Ko, S. J., Woods-Jaeger, B., Briggs, E. C., Lee, R. and Pynoos, R. S. (2013), Trauma histories among justice-involved youth: findings from the National Child Traumatic Stress Network. *European Journal of Psychotraumatology*, 4 (1), 20274.

11　Wegner, D. M. and Wheatley, T. (1999), Apparent mental causation: sources of the experience of will. *American Psychologist,* 54 (7), 480–92.

12　Kahneman, D. (2015), *Thinking, Fast and Slow.* New York: Farrar, Straus and Giroux.

13　Steidle, A. and Werth, L. (2013), Freedom from constraints: darkness and dim illumination promote creativity. *Journal of Environmental Psychology*, 35, 67–80; Wansink, B. and Van Ittersum, K. (2012), Fast food restaurant lighting and music can reduce calorie intake and increase satisfaction. *Psychological Reports*, 111 (1), 228–32.

14　Chiou, W. B. and Cheng, Y. Y. (2013), In broad daylight, we trust in God! Brightness, the salience of morality, and ethical behavior. *Journal of Environmental Psychology*, 36, 37–42.

15　Mani, A., Mullainathan, S., Shafir, E. and Zhao, J. (2013), Poverty impedes cognitive function. *Science*, 341 (6149), 976–980.

16　Gilbert, D. T. and Malone, P. S. (1995), The correspondence bias. *Psychological Bulletin*, 117 (1), 21.

17 Walker, D., Smith, K. A. and Vul, E. (2015), The fundamental attribution error is rational in an uncertain world. Retrieved from https://mindmodeling.org/cogsci2015/papers/0437/paper0437.pdf.

18 Crawford, C., Dearden, L. and Greaves, E. (2014), The drivers of month-of-birth differences in children's cognitive and non-cognitive skills. *Journal of the Royal Statistical Society: Series A (Statistics in Society)*, 177 (4), 829–60.

19 TED Talk. Does money make you mean? Retrieved from https://www.ted.com/talks/paul_piff_does_money_make_you_mean.

20 Vohs, K. D. and Schooler, J. W. (2008), The value of believing in free will: encouraging a belief in determinism increases cheating. *Psychological Science*, 19 (1), 49–54.

21 Leenders, M. V., Buunk, A. P. and Henkens, K. (2017), The role of the relationship with parents with respect to work orientation and work ethic. *Journal of General Psychology*, 144 (1), 16–34.

22 Moghaddam, F. M., Taylor, D. M., Lambert, W. E. and Schmidt, A. E. (1995), Attributions and discrimination: a study of attributions to the self, the group, and external factors among Whites, Blacks, and Cubans in Miami. *Journal of Cross-Cultural Psychology*, 26 (2), 209–20; Bempechat, J. (1999), Learning from poor and minority students who succeed in school. *Harvard Education Letter*, 15 (3), 1–3.

23 Catley, P. and Claydon, L. (2015), The use of neuroscientific evidence in the courtroom by those accused of criminal offenses in England and Wales. *Journal of Law and the Biosciences*, 2 (3), 510–49.

24 Farahany, N. A. (2015), Neuroscience and behavioral genetics in US criminal law: an empirical analysis. *Journal of Law and the Biosciences*, 2 (3), 485–509.

25 Cushman, F., Knobe, J. and Sinnott-Armstrong, W. (2008), Moral appraisals affect doing/allowing judgments. *Cognition*, 108 (1), 281–9.

26 Knobe, J. (2003), Intentional action and side effects in ordinary language. *Analysis*, 63 (279), 190–94.

27 Harris, S. (2012), *Free Will*. New York: Free Press.

28 Metcalfe, R., Burgess, S. and Proud, S. (2011), Using the England Football Team to Identify the Education Production Function: Student Effort, Educational Attainment and the World Cup. The Centre for Market and Public Organisation, Working Paper 11/276.

29 Dana, J., Dawes, R. and Peterson, N. (2013), Belief in the unstructured interview: the persistence of an illusion. *Judgment and Decision Making*, 8 (5), 512.

30 Ward, A. F., Duke, K., Gneezy, A. and Bos, M. W. (2017), Brain drain: the mere presence of one's own smartphone reduces available cognitive capacity. *Journal of the Association for Consumer Research*, 2 (2), 140–54.

本篇总结

1 Adler, M. D., Dolan, P. and Kavetsos, G. (2017), Would you choose to be happy? Trade-offs between happiness and the other dimensions of life in a large population survey. *Journal of Economic Behavior & Organization*, 139, 60–73.

结 语

1 Carlson, R. (2002), *Don't Sweat the Small Stuff . . . and It's All Small Stuff*. New York: Hyperion.
2 Sommers, S. R. (2006), On racial diversity and group decision making: identifying multiple effects of racial composition on jury deliberations. *Journal of Personality and Social Psychology*, 90 (4), 597; Van Knippenberg, D., De Dreu, C. K. and Homan, A. C. (2004), Work group diversity and group performance: an integrative model and research agenda. *Journal of Applied Psychology*, 89 (6), 1008.
3 Digital NHS. Survey shows one in three adults with common mental disorders report using treatment services (2016). Retrieved from https://digital.nhs.uk/article/813/Survey-shows-one-in-three-adults-with-common-mental-disorders-report-using-treatment-services.
4 Kushner, T. and Valman, N. (2000), *Remembering Cable Street*. London: Vallentine Mitchell.

致　谢

我尽力做到简洁，却也希望能深入人心。

我对你们感激不尽……

莱斯，你一直以来都支持我做任何事情。波比和斯坦利，你们俩提醒了我现实中有这么多叙事陷阱。

阿曼达·亨伍德，在完成本书的各个阶段都离不开你坚定不移的支持和奉献。你的热情、对细节的关注、深入的分析以及不断的质疑让本书以最好的面貌迎接读者。对你怎么感谢都不为过。

凯特·拉芳，感谢你一直以来的批评指正，并向我推荐了许多我未发现的有趣的相关研究和文章。谷歌学术和你比起来都相形见绌。劳拉·库德纳，感谢你在成书的每一阶段都给出了批评建议，并对美国人时间利用调查数据进行分析。你坚定不移的支持对我来说意义重大。塞西莉亚·斯坦，你是所有作者都梦寐以求的出色编辑。这段愉快、有意义且富有成效的编辑工作是我衷心渴求的。史蒂芬·麦克格雷斯，感谢你自始至终支持本书的写作初心，并对其进行评论与指正。还有马克思·布鲁克曼，感谢你对本书原始写作计划的指导以及对所有事务的打点和推进。

布拉德利·弗兰克斯、马特奥·加利齐、达里奥·克尔潘、格蕾丝·洛丹恩、罗伯特·梅特卡夫、卡什·拉姆利、汤姆·里德、乔尔·苏斯、斯蒂芬·泰索尼、阿基·楚奇亚、艾莉娜·维利亚和伊沃·弗拉耶夫。仅列出名字并非有意冒犯，但无聊的奥斯卡领奖词式的致谢实在冗长。简言之，本书有了你们方方面面的贡献，才能变得更好。

过去一年多，在交谈中对本书观点发表过见解和看法的人，我向你们致敬。在此我还要单独感谢2017—2018学年伦敦政治经济学院 EMSc 行为科学班以及一位我不在此列出名字的学生，我希望你已再次爱上大卫·贝克汉姆。

非常感谢你们。